U0552283

What Is Cybersecurity For?

© Tim Stevens 2023

First Published in Great Britain in 2023 by Bristol University Press, University of Bristol

The simplified Chinese translation rights arranged through Rightol Media.

（本书中文简体版权经由锐拓传媒取得 Email:copyright@rightol.com）

WHAT IS IT FOR?
时代的发问

网络安全
有什么用？

[英]蒂姆·史蒂文斯 著
林庆新 张雯 译

生活·讀書·新知 三联书店

Simplified Chinese Copyright © 2025 by SDX Joint Publishing Company.
All Rights Reserved.
本作品中文简体版权由生活・读书・新知三联书店所有。
未经许可，不得翻印。

图书在版编目（CIP）数据

网络安全有什么用？／（英）蒂姆・史蒂文斯著；林庆新，张雯译. -- 北京：生活・读书・新知三联书店，2025.7. -- （时代的发问）. -- ISBN 978-7-108-08056-1

Ⅰ．TP393.08

中国国家版本馆 CIP 数据核字第 2025C4G555 号

责任编辑	崔　萌
装帧设计	赵　欣
责任校对	曹秋月
责任印制	卢　岳
出版发行	生活・讀書・新知三联书店
	（北京市东城区美术馆东街 22 号 100010）
网　　址	www.sdxjpc.com
经　　销	新华书店
印　　刷	宝蕾元仁浩（天津）印刷有限公司
版　　次	2025 年 7 月北京第 1 版
	2025 年 7 月北京第 1 次印刷
开　　本	787 毫米 × 965 毫米　1/32　印张 5
字　　数	73 千字
印　　数	0,001-4,000 册
定　　价	45.00 元

（印装查询：01064002715；邮购查询：01084010542）

"时代的发问"
编者序

现状已然破碎。世界正深陷于一系列可能威胁我们生存的挑战之中。其中一些挑战可能关系到人类的生存。如果我们相信世界可以有所不同,如果我们希望世界变得更好,那么现在正是时候去质疑我们行为背后的目的,以及那些以我们之名所采取的行动的意义。

这便是"时代的发问"这套系列丛书的出发点——一场大胆的探索,深入剖析塑造我们世界的核心要素,从历史、战争到动物权利与网络安全。本系列穿透纷繁喧嚣,揭示这些议题的真正影响、它们的实际作用及其重要性。

摒弃常见的激烈争论与两极分化,本系列提供了新颖且前瞻性的见解。顶尖专家们提出了开创性的观点,并指明了实现真正变革的前进方向,敦促我们共同构想一个更加光明的未来。每一本书都深入探讨了各自主题的历史与功能,揭示这些主题在社会中的角色,并着重指出如何使其变得更好。

丛书主编:乔治·米勒

目 录

1 引言：棘手难题 /1

2 我们如何走到今天？/17
计算机 20
网络系统 26
全球化 30
基础设施 34
小结 39

3 网络安全与网络风险 /41
犯罪威胁 43
政治威胁 47
网络安全究竟是什么？ 52
网络风险与恢复力 57
小结 63

4 国家与市场 /65
谁来制定规则？ 67

私营部门的作用		71
公私合营		75
市场问题		80
小结		84

5 国际网络安全 / 87

进攻性网络安全策略	89
全球治理	92
争议	97
国际法	102
小结	106

6 网络安全与人类安全 / 109

人类安全	111
网络风险	114
公民与国家	119
道德与网络行动	122
小结	126

7 结论：全球对话 / 129

注释 / 137
拓展阅读 / 149
图片与图表索引 / 153

1

引言：棘手难题

"糟糕，您的文件已被加密！"2017年5月12日，英国国家医疗服务体系（NHS）的工作人员打开电脑和其他数字设备时，屏幕上突然弹出了这条消息。消息显示他们的数据已被加密，要想恢复这些数据，必须支付300美元的比特币赎金，否则将永远失去这些数据。更糟糕的是，受影响的计算机系统中不乏医院、诊所等大量基础医疗服务机构的，它们将在此期间陷入瘫痪，导致一线医疗人员及其辅助团队无法为病人提供治疗、安排预约或处理依赖于NHS数字服务的各项事务。当天下午4点，NHS宣布发生了紧急事态，并全力备份。同时，为防止事态进一步蔓延，NHS迅速切断了所有未受感染的网络连接。然而，即便是那些尚未检测出该恶意软件WannaCry的地方，也还是受到了连锁反应的影响。短短几个小时内，这个数十年来深受公众信赖的英国医疗体系开始担忧，自己是否还能继续履行其为近七千万人提供首选公共医疗服务的法定义务。随着媒体铺天盖地的报道，政府也匆忙响应，力求解决NHS及其数百万用户面临的这一重大危机。

幸运的是，一名研究WannaCry代码的研究人员发现了其中的"开关"：一旦激活，该开关即可阻止进一步感染，这为安全专家赢得了部署防御的时间。当天傍晚，WannaCry在NHS的蔓延得到了遏制，清理网络和部署措施的工作随后展开。后续调查发现，这些措施本应早就部署到位。[1] 接下来的几周里，情况逐渐明朗：虽然英国人的注意力集中在NHS上，但受影响的机构数量众多，遍布150多个国家。据估计，全球经济损失可能高达40亿美元。[2] WannaCry还继续在全球数字网络中肆虐。尽管没有人因NHS系统瘫痪而直接丧生，但这是人们首次看到失控的计算机病毒对生活和生计构成巨大的潜在危害。

WannaCry事件是网络安全领域一次极为公开的疏漏。我们可以把网络安全视为第一道防线，保护计算机网络和系统免受未授权的入侵和破坏。那么，发生这起事件则是因为网络被植入了恶意软件，导致它们无法按设计者和使用者的意图运行。良好的网络安全本可以防止WannaCry病毒肆虐：如果各组织机构能及时更新微软Windows系统，WannaCry这样的恶意软件就无法轻易渗透进来了。用网络安全领域的术语来说，WannaCry利用了Windows操作系统版本中尚未修补的漏洞。至少在理论上来说，修补该漏洞本可避免最严重的损害，大大减轻公众和政治层面的忧虑。本书所涉及的网络安全是当代社会不可或缺却又十分脆弱的环节。正如我们将要在本书中解释的，网络无法达到绝对安全，我们也不应期待绝对安全："绝对安全"只是暴政者的妄想，而非民主国家的追求。网络出现问题是难免的，关键在于我们如何未雨绸缪，从每一次挑战中汲取教训，以期在未来筑起更坚固的防线。

网络安全的故事与现代世界的数字化转型紧密相连。几乎没有人能完全置身信息技术之外，手机、互联网、智能家居、智慧城市，或通过互联网等数字技术进行的全新商务和社交方式深深地影响着我们。正如一些人所说，如果这是人类发展历程中一个真正具有革命性的阶段，那么它取决于信息的创造、交换和利用。数以亿计的数字信号以惊人的速度跨越大陆和海洋，穿梭于复杂的硬件和软件网络之中，而我们大多数人不曾关注过这一切。我们共同构建了一个前所未有的复杂技术系统，它是一张庞大的网络，支撑起了我们每个人、每个社区乃至整个社会的各种活动。信息技术的迅猛发展，不仅彻底改变了我们的工作、学习和生活，还重塑了我们创造经济价值及参与政治活动的方式，甚至改变了能源、医疗等服务行业，以及各国通过冲突和竞争来追求国家利益的途径。如今，一个互联网不起根本性作用的世界几乎是不可想象的：互联网已经成为我们生活中不可或缺的基本事实。

构建互联网这样庞大且复杂的系统，我们面临着一个重要的问题：如何妥善维护互联网，以确保我们能持续享受其带来的种种益处？如果设计得当，系统应该能够按照预期运行，省去频繁维护和修理的需求；系统出现故障时也能够迅速修复，不影响服务。然而，在数字化转型的浪潮中，我们满怀激情地推动了全球数字基础设施的普及，以及数以亿计的设备与应用程序的广泛应用，却也不经意间催生了一些问题，主要包含三个方面。首先，我们对信息技术的深度依赖本身便潜藏着脆弱性。一旦商业软件、银行应用或数字医疗服务遭遇故障，那些亟须这些服务的人群可能会面临服务中断的困境，进而引发一系列连锁反应。即便能回归旧有的模拟化操作方式，也会因种种限制而难以彻底解决问题。再者，由于历史遗留的多种原因，互联网及其广泛依赖的体系在设计、实施与使用过程中，均易陷入错误的旋涡。系统配置不当、软件配置错误以及用户操作失误等看似微小的疏忽，足以导致数据遗失、服务瘫痪，给个人生活与企业运营带来不可估量的损失。构建一个能完全规避这些问题的数字系统，其难度之大，从数学上来说也是一个难以逾越的问题。

第三个问题与前两个紧密关联：有太多人深知这些漏洞并企图加以利用，网络空间——我们进行数字交流互动的虚拟领域——已化身为一个强大的磁场，吸引着各方势力，他们既威胁到网络的完整性，也威胁到我们进行合法网络活动的能力。商业活动逐渐转向线上，这无形中为犯罪分子利用新的数字手段实施盗窃、欺诈和勒索提供了温床。企业与国家庞大的数据集,成了新型数字情报与间谍活动的标靶。这些数据集是企业和国家监控的产物,来自数十亿个遍布我们家庭、办公室和街道的信息收集设备。无论和平时期还是战争时期,各国军队与情报机构之间都频繁进行着网络战,以至于网络战已逐渐成为两国间持续竞争状态中的关键特征。然而,在这种竞争中,各国对于全球网络空间内哪些行为应被允许,哪些应被禁止,存在严重分歧,外交周旋也因此深受地缘政治博弈及战略优势争夺的困扰。而所有这些活动,都是通过对数字系统技术漏洞的蓄意利用,以及操纵与欺骗包括你我在内的终端用户来实现的。

这就是网络安全的现状,也是本书探讨的核心。网络安全的首要任务是保护计算机网络和系统,避免其受到任何形式的损害和攻击。以往这一领域常被称作"信息安全",其核心在于保护计算机资源,确保合法用户数据的保密性、完整性和可用性。这一使命至今仍然是网络安全工作的重中之重,数百万名卓越的技术专家和管理人员正夜以继日地为此努力。他们肩负着艰巨的任务,即确保网络系统的稳定运行,同时还要应对来自网络罪犯、黑客、间谍、军事组织以及各类冒险者的持续挑战。因此，从技术的角度来看，网络安全是一种独特而关键的安全形式，它专注于保护计算机网络和系统，以及其中存储或传输的宝贵数据。尽管网络安全领域的专业人员付出了巨大的努力，并取得了显著的成果，但这些基本问题仍然没有得到根本解决。我们虽然尚未目睹全球互联网的大规模崩溃，但已多次经历了部分网络的中断和故障，以及无数更低级别的安全事件，每一起都带来了不容忽视的社会和经济成本，这进一步凸显了网络安全的重要性和紧迫性。

所有形式的安全措施都是为了保护某个部门的安全。这一点看似简单明了，但却深刻地影响着我们对网络安全的认知，本书将深入探讨这一话题。国家安全的宗旨在于保卫国家，维护国家的政治主权和领土完整。谈及国际安全，我们主要指的是各国间的合作，以确保彼此和平共处。核安全、环境安全、经济安全、能源安全——这些安全领域或是各自守护着独特的资源，或是为人们获取这些资源的权利提供保障。尽管对于"安全"一词是否适用于描述环境等问题，我们可能持有不同意见，并为此展开辩论，但这丝毫不影响它在政治和政策领域的重要性及其普遍应用。网络安全同样如此，它已成为当代公共政策的核心议题。各国纷纷制定网络安全政策和战略，联合国、欧盟、七国集团等国际组织也不例外。然而，这些政策文件并非主要聚焦于技术问题。它们不仅将网络安全视为保护计算机网络和系统免受攻击的关键任务，更将其视为实现其他形式安全的重要途径。网络安全为一系列"对象"提供安全保障，这些对象正是安全研究学者所指的与特定形式安全关联的实体。网络安全已超越单纯的技术安全范畴，它关乎更高层次的安全形态，如国家和国际安全，以及确保人们日常生活的平稳进行，正如本书后续将探讨的"人类安全"概念所蕴含的深意。这些担忧源于人们日益增强的意识：网络行动能够对现实世界产生深远的影响。试想，如果WannaCry病毒没有被迅速遏制，我们或许就会亲眼目睹"网络"场景在现实中引发的人员伤亡和灾难。

由此可见，网络安全成为了一个既难以剖析又难以应对的实际难题，其复杂性足以让其被冠以"棘手难题"的称号。自20世纪60年代以来，这一术语就被用来描述那些从识别到解决都困难重重的问题。深入探讨网络安全时，我们不禁要追问：需要解决的核心症结到底是什么？而棘手难题的特性也让我们注意，提出的解决方案是否可能带来连锁反应，引发更多问题，因为网络安全问题往往与其他问题交织在一起。以核武器问题为例，如果仅仅将"废除核武器"视为解决方案，那么我们能否确保这一行动不会加剧大国之间的战争风险？答案显然是否定的。因此，在追求无核世界的道路上，我们必须保持高度警觉和谨慎。网络安全领域同样面临着类似的困境：多层次、多维度的特性，让我们可能在不自觉中将某一安全领域的优先级置于其他之上，比如为了维护国家安全而牺牲个人或社会的安全利益。在本书的结论部分，我们将再次进行深入剖析。虽然本书无法直接"解决"网络安全问题，但我们将概述这一领域内存在的紧张局势与争议热点。同时，我期望本书能为读者提供一套思考网络安全问题的框架和工具。这些将贯穿全书，围绕三个核心观点逐步展开，帮助读者更深刻地理解和把握这一复杂而重要的领域。

第一个观点聚焦于人与技术之间的联系。技术并非孤立存在，它始终与设计者或使用者紧密相连。我们与技术之间存在着一种相互依存、频繁互动且充满趣味的关系。人类不仅是技术的创造者，更是规则的制定者，决定着技术如何运作及其应遵循的准则。同时，我们在技术中融入了自身的价值观，并通过技术展现出来，而这些价值观往往会受到他人的质疑与挑战。以社交媒体平台为例，设计者往往认为分享个人信息具有正面价值，并以此为基础搭建技术架构。然而，对于这一行为，包括政府在内的其他群体可能持不同看法，他们可能会看到这种相对自由的信息交流背后潜藏的威胁。此外，技术也在无形中塑造着我们的行为模式，鼓励或限制某些行为，从而对我们的生活方式产生影响。因此，在探讨网络安全问题时，我们必须认识到其社会技术性质，即人类与非人类因素之间错综复杂的相互作用。值得注意的是，网络安全解决方案并非一成不变、普遍适用。由于社会技术具有多样性和动态性，不同地区、不同时间应对网络安全问题的策略也各不相同。

第二个观点是对第一个观点的进一步深化。网络安全不仅关乎硬件和软件的技术运作，还涉及人类的行为与目标，因此我们不能单纯地将它视为技术问题。这并非是要贬低计算机科学家或网络安全专家的作用；我们确实需要专业人才来应对复杂的IT系统中层出不穷的技术难题。然而，这些系统本质上是社会技术的结合体，被用于甚至被滥用于实现人类的各种目的。网络犯罪和网络战的问题，不能仅凭技术手段解决；同样，网络安全法律、政策和法规的制定，也不能脱离非技术框架和理念的支撑。科学家和技术专家是我们不可或缺的盟友，但既然网络安全问题复杂难解，那么就无法仅用一个科学术语来概括，更不可能仅凭科学手段去解决。因此，我们需要从多个维度来理解和应对网络安全问题，包括社会科学、法律、哲学、伦理学、心理学等多个领域，同时也涉及公民社会和公共领域。

第三个观点是，网络安全具有政治属性。尽管网络安全主要聚焦于计算机和代码，看似与"传统"政治相去甚远，但这一观点实则深刻且至关重要。正如我即将详细探讨的，现代世界的构建方式，已于无形中将网络安全与政治紧密交织在一起。它如同一张无形的网，覆盖了我们生活的方方面面，从日常在线购物、社交媒体交流、金融交易、工作娱乐到投票选举，再到支撑个人与社会运转的关键基础设施,乃至影响战争、争端、发展及全球秩序构建,网络安全都是不可或缺的一环。网络安全之所以具有政治性,不仅因为公共决策领域已充分认识到其对于社会稳定与发展的重要价值,并倾注大量资源加以保障;更因为网络安全措施的实施与否,都将深远地影响全球各国的国家安全和公民权益。缺乏网络安全这道防线,数字化转型便如同空中楼阁,难以落地生根。此外,政治属性也意味着网络安全领域在未来必将面临新的挑战。

这本书的表述将比部分读者预期的更为平易近人,即便不具备高深的计算机或互联网知识,读者也能理解其背后的观点和实例。然而,网络安全领域的专业术语却像一道屏障,让不少人望而生畏,这属实遗憾。当前,网络安全问题亟待解决,其紧迫性不言而喻。信息安全界有一句老话:"众人瞩目之下,所有的漏洞都无法遁形。"[3]这意味着,我们不能仅将目光局限于技术专家,因为网络安全漏洞的根源远不只技术层面,它们还深深植根于社会、经济乃至政治等诸多领域。因此,构建多元化、包容性的网络安全团队显得尤为重要,唯有如此,才能更好地体现并服务于社会的多样性和多元利益。[4]

本书的结构安排如下：第二章"我们如何走到今天？"首先概述了网络安全的起源，它起初是技术问题，随后逐渐演变为涉及公共利益和政策的重要议题。互联网的设计初衷是追求简便而非安全，这一决策的后果塑造了今天的全球信息环境。本章探讨计算机与安全之间日益变化的关系，揭示了我们对信息技术的依赖程度，并剖析了推动网络安全成为管理网络风险和威胁手段的关键因素。本章为接下来四章将要探讨的四个"问题集"奠定了基础。

第三章"网络安全与网络风险"详细描述网络威胁，重点区分刑事网络威胁与政治网络威胁。本章聚焦于威胁对象，探讨网络安全对于保障安全的意义，揭示网络安全诸多不同甚至相互冲突的目标。此外，本章还给出了网络安全的初步定义，并阐述了网络风险管理和网络弹性如何相辅相成，共同应对网络不安全问题。

第四章"国家与市场"探讨网络安全如何与国家和私营部门的行动愿景联系在一起。私营部门作为盈利主体，掌握并运营绝大多数的数字基础设施；而政府则出于公共利益和国家安全的考量，致力于对这些环境进行规范与利用。本章重点分析私营部门与公共部门如何携手合作，共同提升网络安全水平，并揭示这一过程中遇到的一些挑战。此外，本章还就政治与企业动机的协调进行了剖析，以及这些难题如何对网络安全产生深远影响。

第五章"国际网络安全"聚焦于全球网络空间这一竞争激烈的领域。本章剖析各国如何利用进攻性网络安全策略、外交政策和外交手段来实现其国家目标，同时也探讨了全球治理在集体应对网络安全挑战、维护国际安全与稳定方面所扮演的角色，以及各国在网络规范、法律和主权等基本概念上的分歧与争议。本章明确指出，网络安全已成为一个不可忽视的地缘政治问题，其影响深远，对国际秩序具有至关重要的意义。

第六章"网络安全与人类安全"主张我们应站在人类安全的立场上审视网络安全，其目的在于守护个人的安全与尊严，使其免遭恐惧与缺乏安全感的侵害。这一视角极大地转变了我们对网络安全的认知焦点，尤其是将其从国家安全的单一维度中解放出来。本章探讨这种转变如何重塑我们对网络风险、国家与公民之间的关系以及国际网络安全的认知，并用数字监控与网络战等实例进行生动阐述。

第七章重申了将人类安全作为网络安全的核心指导原则的承诺，并对"网络安全有什么用？"这一问题做出回答，为全书画上圆满句号。

2 我们如何走到今天？

本书认为，网络安全是我们理解当前技术格局的关键所在。它不仅是对网络威胁日益严峻这一现实（详见第三章）的直接回应，更是推动全球在社会、经济和政治层面实现数字化转型的重要保障，因为这些领域的运行高度依赖于互联网及其他数字网络的顺畅运行。然而，我们不禁要问，为何"网络安全"这一议题会如此引人关注？"网络"一词，其根源可追溯到古希腊的治理与引导的概念，直至20世纪40～50年代，随着控制论这一新兴科学领域的崛起，"网络"才逐渐为世人所知。控制论的一位先驱曾精辟地指出，网络的本质在于"动物与机器之间的控制与通信"[1]，这意味着通过复杂的输入输出交互来管理各类系统的能力。鉴于计算机通过处理输入来生成输出的工作原理,自20世纪80年代起,"网络"一词自然而然地延伸到了由计算机(网络空间)和各种形式的相关活动(网络性爱、网络文化)所塑造的新世界,这一演变过程显得既合理又自然。本书还将提及多个与"网络"相关的术语,如网络犯罪、网络战,以及最为核心的网络安全,这些概念在21世纪之前尚未广泛流传。网络安全概念的诞生,深刻揭示了计算机与安全之间的不可分割性,但其范畴远超越了单纯的信息安全范畴,这一点在本章的历史回溯中已初露端倪。为了全面把握这一要点,我们需要跳出科学技术的狭隘视角,从宏观层面审视网络计算的演进过程。技术总是深深植根于特定的社会、经济和政治土壤之中,社会与技术之间以复杂且动态的方式相互作用,共同塑造着历史的发展轨迹。数字计算技术便是这一规律的生动体现,自20世纪30年代诞生以来,它便迅速与政治、战争、经济乃至整个社会深度融合,成为不可或缺的一部分。尤为重要的是,计算机在维护国家安全方面的作用日益凸显,这种紧密联系正是网络安全概念的核心所在,其复杂性和重要性远远超出了"信息安全"

这一简单表述所能涵盖的范围。本章将分别从四个方面剖析计算机与安全之间的内在联系，揭示为何网络安全能够成为当今国家和国际关注的焦点，以及它在现代社会中不可估量的价值。

首先，"计算机"这一小节聚焦于现代计算机的问世及其与战争和国家安全的关系，并追溯了信息安全的早期概念，这些概念中的基本原则与警示至今仍构成网络安全领域的基石。随后的"网络"一节则阐述20世纪60年代计算技术如何凭借一系列基础技术的互联互通，为现代互联网的诞生奠定基石。这一时期也是首批黑客崭露头角，新型计算机病毒与蠕虫开始肆虐的时期。第三节涉及"全球化"问题：进入20世纪80年代与90年代，信息技术的"全球化"浪潮与万维网的迅猛发展，极大地拓宽了互联网在社会经济领域的应用边界，同时也催生了数字间谍、网络战争与犯罪等多种新形态。到21世纪初，我们已将这些技术视为社会的"基础设施"（第四节），并通过这一视角重新定义数字安全问题的性质——它不仅影响个体，还对整个社会乃至系统层面产生深远的影响。以上是对现代网络安全发展历程的一个简要回顾，至于网络安全的当前格局与趋势，我们将在后续章节中做更为详尽的探讨与分析。

计算机

自18世纪起，那些从事数据计算，如编制天文和航海年鉴信息的人，通常被称作"算术师"（computer），这一称呼在某些地区一直沿用到20世纪50年代。[2]然而，我们对计算机作为计算工具的现代理解源于19世纪，得益于艾达·洛夫莱斯（Ada Lovelace）与查尔斯·巴贝奇（Charles Babbage）等先驱者的贡献。[3]巴贝奇的"分析引擎"虽然并未实际建造出来，但在伦敦科学博物馆可以看到现代重建的模型。这台机器通过构想，展现了能够反复编程，将纸板打孔卡上的数据转换为执行特定任务所需的输出，如生成对数表或其他数学函数，这一切为现代计算奠定了基础。与现代的电子计算机不同，这一过程完全依赖于精细的机械构造，通过齿轮和轮子的精密配合进行计算，而现在的计算则主要由集成电路（微芯片）来完成。随后，通过开关和继电器进行电子信息交换得到了发展，并成功应用于可编程机电计算机,例如20世纪40年代初德国康拉德·楚泽(Konrad Zuse)研发的计算机,这标志着计算机技术进入了一个新的发展阶段。

计算历史学家对于各项发明的具体问世时间一直存在争议,但1942年问世的阿塔纳索夫-贝瑞计算机(Atanasoff-Berry Computer,简称ABC),凭借其开创性的电子真空管技术,被广泛认可为全球首台真正意义上的"自动电子数字计算机"。与此同时,布莱切利园(Bletchley Park)的密码破译精英团队也在1943~1944年成功研制出了世界上第一台完全可编程的电子数字计算机——"巨像"(Colossus)。这两台机器之所以被归类为数字计算机,而非模拟计算机,关键在于它们处理信号(数据)的方式:它们采用离散的"开"或"关"状态来存储和传输信息,而非模拟计算机那样以连续变化的值的信号流的形式存储和传输。相比之下,人类感知外界的方式是连续的模拟过程,这让我们能够体验到千变万化的声音和色彩。数字设备巧妙地将连续的输入信息转化为不连续的"1"(开)和"0"(关),极大地简化了信息的存储与处理过程。实际上,所有数字计算的核心都建立在这些基本的二进制选择之上,特别是那些遵循"如果……那么……"逻辑结构的运算：当某个条件满足时，就执行相应的操作。这些决策过程构成了程序与算法的基础，而它们的理论根基则是由计算机科学的先驱者阿隆佐·丘奇（Alonzo Church）与艾伦·图灵（Alan Turing）在20世纪30年代奠定的。

第二次世界大战的政治背景在计算机发展史上占据着举足轻重的地位。尽管楚泽制造的首台计算机并未获得德国军方的资金支持，但它很快便吸引了军方的注意。图灵因其在战前对计算机理论的初步探索，被招募加入英国的密码破译工作。美国首台真正意义上的可编程数字计算机ENIAC（全称为Electronic Numerical Integrator And Computer，即电子数字积分计算机），虽在战争尾声才得以完成，却立即投身于热核武器的研究之中。"冷战"期间，军事应用与资金依然是推动计算机发展的关键因素。在早期，计算机被视为实现国家安全目标不可或缺的工具，而非需要保护的对象。"冷战"结束后，随着晶体管取代真空管，计算效率实现了质的飞跃，国际商业机器公司（IBM）等私营企业开始生产专为专业及学术领域设计的计算机。[4]此时，硬件（物理计算机及相关设备)与软件(在硬件上运行的应用程序、服务及其所使用的编程语言)之间的界线日益清晰。安全方面的考量主要聚焦于如何阻止非法物理入侵那些常占据公司或大学整个房间的庞大设备。然而,工作与学习环境中更多终端的部署实现了远程用户同时接入中央计算设施("分时共享"),安全顾虑也随之转变。非专业用户之间的相互连接使得新的问题浮现——显然,一些人能够访问并修改存储在中央数据库中的数据。这一认知伴随着现代信息安全理论的初步形成而不断深化。

在信息安全领域,有一份由计算机科学家威利斯·H. 威尔(Willis H. Ware)在1970年领导撰写的报告被视为该领域的一块重要基石,其影响力深远且持久。[5]威尔及其团队在报告中详细列出了当今任何网络安全专业人员都能识别的安全问题清单。他们的核心观点是,尽管存在针对"外部攻击、意外泄露、内部颠覆以及拒绝合法用户使用"等技术问题的解决方案,但这些方案仅适用于政府和军事等保密且严格控制的系统。相比之下,更加"开放"的环境,如当时在欧洲、日本及北美富裕国家兴起的互联多用户计算机环境

（见图1），其安全性显然较低，且当时还没有有效的技术解决方案。此外，报告还着重指出，从设计之初就考虑全面的安全性至关重要，即"需要硬件、软件、通信、物理安全、人员培训及行政管理程序等多方面的综合保障措施，以实现全面的安全防护"。[6]

到20世纪70年代中期，"信息安全三要素"（如图2所示）已经稳固地成为了数字时代信息安全领域的基石。正如密码学发展史所揭示的，保护通信的保密性、完整性和可用性始终是至关重要的。然而，随着新型数字信息系统的不断涌现，

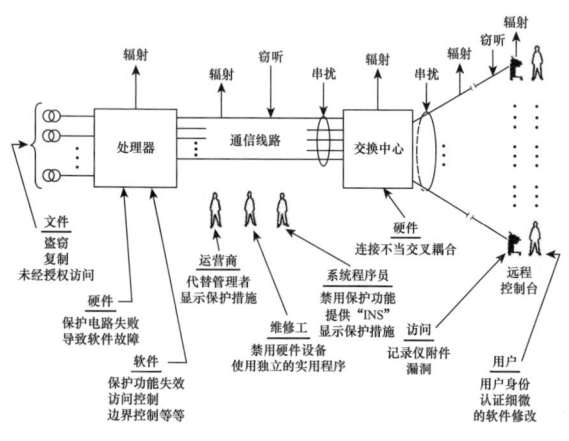

图1　计算机网络漏洞在《威尔报告》（1970）中的概念化描述

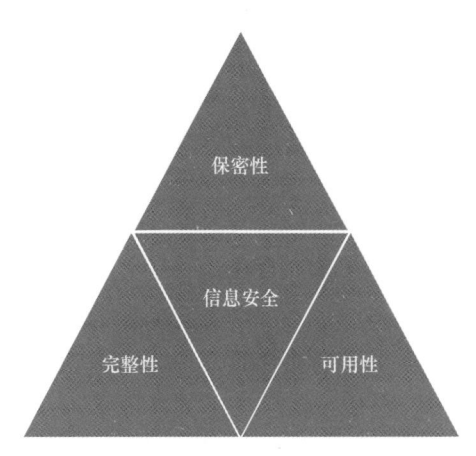

图2　信息安全三要素
保密性：指防止信息未经授权而被披露
完整性：指维护信息处理的完整性和准确性
可用性：指确保授权用户在其需要时能够访问信息

我们不得不重新审视这些基本要求。保密性，旨在确保数据免受未经授权的访问，是保护信息安全的第一道防线。完整性，则要求数据在存储、使用或传输过程中保持其原始性和准确性，不容丝毫篡改。而可用性，则是确保合法用户在需要时能够顺利访问和使用数据。《威尔报告》指出，实现这些目标并非易事，它需要来自不同领域的专业人员共同努力，既有技术专家，也有擅长流程管理、政策制定、培训以及组织"安全文化"

建设的专家。这是一场需要团队协作的"战役"。尽管这些原则和实践在几十年的发展过程中不断受到挑战和完善,但它们的核心地位在信息安全和网络安全领域始终未变。采用基于信息安全三要素的安全控制措施,虽然不能绝对保证安全,但无疑能为我们提供强有力的保护。事实上,即便是最新的国家网络安全政策,也依然明确提及了信息安全三要素的概念,并强调了其在当代网络安全体系中的基础性作用。[7]

网络系统

随着数字网络的不断扩展与深化,信息安全三要素的理念愈发受到关注。当我们谈及数字网络时,互联网这一名词自然而然地浮现脑海,它实际上是一个遵循共同规则与协议而运作的庞大网络体系。1970年,《威尔报告》发布时,美国和英国已着手试验后来的互联网的早期版本。20世纪60年代中后期,美国国防部高级研究计划局(ARPA)资助了大学和政府研究中心的大规模互联网研究,旨在促进数据的高效共享与协作。与当时易因单点、多点故障或线路中断而崩溃的资源共享网络不同，ARPA所推动的阿帕网（ARPANET）创新地采用了数据包交换技术，即将数据流量分割成小的"数据包"，并附上源地址与目的地址信息，随后通过最优路径传输至指定目标。这一技术具有革命性，在美国与英国分别独立研发成功，并被命名为"分组交换"。有趣的是，这一技术的诞生似乎也在不经意间加深了计算机技术与国家安全之间的紧密联系。美国分组交换技术的先驱保罗·巴兰（Paul Baran），多年来致力于研究如何在核打击下保持军事通信系统的稳定运行，从而确保美国具备核反击能力。[8]然而，需要澄清的是，尽管阿帕网背后的分组交换协议具备强大的抵御能力，阿帕网本身并非专为抵御核战争而设计，但其底层的数据包交换协议却是为此设计的。

1969年，阿帕网正式投入运营，它最初连接了美国西海岸的几所大学，随后逐步将触角延伸至全美各地的军事及研究机构。到了1973年，阿帕网借助卫星技术首次跨越国界，与英国和挪威实现了国际互联。随后的几年里，多种与阿帕网不同的分组交换网络如雨后春笋般涌现。为了整合这些局域网络在设计和运行方式上的差异，美国的研究人员制定了传输控制协议/互联网协议（TCP/IP）这一核心协议集，它迅速成为业界标准，引领着各个网络无缝融入日益庞大的阿帕网生态系统。TCP/IP协议真正实现了网络的"互联互通"，只要遵循此协议，任何本地网络都能轻松接入阿帕网，进而与全球用户共享信息。[9]在审视这一发展历程及其与网络安全的关系时，两大设计决策尤为关键。首先，与阿帕网的封闭军事起源相反，它是对开放性的假设，即开放性的网络架构。这些协议是为相对不受约束的数据交换设计的，而《威尔报告》曾警告说，这种交换很难保证安全。其次，网络遵循端到端原则，即安全性的责任落在网络终端节点上，这些节点由企业、大学和政府机构等运营。网络本身仅作为连接全球信息资源的桥梁，保持中立，不干预接入者的身份或内容，安全决策权掌握在用户手中，而非网络本身。

进入20世纪80年代，在创新企业的推动下，微型计算机进入家庭和小型企业，极大地促进了网络用户数量的增长。我至今仍清晰记得，80年代初，家中那台ZX Spectrum 48k电脑虽未直接联网，但已能通过调制解调器和固定电话线接入网络。企业、研究者及爱好者们积极利用调制解调器，搭建起与供应商、客户及同好之间的沟通桥梁，向我们今天所认为的真正的全球信息网络迈出了第一步，带来了经济增长与新机遇。这一时期，自70年代初就存在的电子邮件（email）迅速普及，成为重要的通信方式，占据了大量全球带宽资源，同时引发了日益严重的垃圾邮件问题。[10] 到了80年代末，首批商业互联网服务提供商应运而生。一些公司高瞻远瞩，将电子邮件服务与他们的套餐订阅捆绑在一起，而当时全球互联网用户总数尚不足百万。

网络在发展的初期，就是黑客们的试验田。起初，"黑客"（hacker）一词指热衷于探索这些新兴设备极限的人，在阿帕网及其后续技术诞生的社区中，这样的爱好者比比皆是。然而，到了20世纪80年代，"黑客"一词的含义逐渐转变为专指那些故意破坏计算机和网络安全的人。[11] 第一批计算机病毒和蠕虫是在这一时期由黑客开发出来的，并开始引起公众的注意。[12] 这些恶意软件像垃圾邮件一样附着在文件和程序上，当这些文件和程序被激活和分发时，病毒就会通过系统和网络传播。蠕虫类似，但不需要激活主机文件：一旦进入，这些独立的程序就会传播自己。每一种都利用系统中的漏洞和弱点，通过破坏文件、降低性能或为其他更具破坏性的软件提供入侵途径，造成严重的损害。早在20世纪70年代初，一个名为"爬虫"（Creeper）的实验性病毒就在阿帕网上蔓延开来，其程序员后来也制作了蠕虫版本。这些恶意软件当时并未造成实际损害，只是显示了一条挑衅信息："我是爬虫，有本事就来抓我。"然而，并非所有黑客都如此无害，如1988年的"莫里斯蠕虫"（Morris Worm），它本意并不打算造成破坏，却导致数千台联网计算机瘫痪，这促使美国根据新法进行了首次起诉，并催生了首个计算机应急响应小组（CERT）以应对未来的网络危机。[13] 同时，这一时期也见证了首批反病毒软件供应商的崛起，他们推出了保护终端用户免受这些新型安全威胁侵害的软件产品。

全球化

1990年前后是现代历史的重要转折点，苏联解体，冷战时代终结，这一时期在互联网的发展历程及其对安全的影响上同样至关重要。随着全球电信市场的逐步自由化，美国政府放手让新生的互联网自由发展，商业机构为追求利润纷纷提供网络接入服务。1991年，万维网的诞生及其与网页浏览器的结合，堪称科技史上的重要里程碑之一，作为一种基于互联网的软件应用，万维网使用户能够轻松访问各类通过超链接相互连接的数字资源，如文件、照片、网页、视频、软件、商品和服务等。商业化的加速和万维网带来的更高可访问性，共同推动了互联网迅猛发展，并产生了深远的影响，它不仅是冷战后全球经济开放与互联互通的直接体现——通常被称为由资本主义和新自由主义推动的现代全球化——更是全球化趋势的重要推动力量。互联网促进了前所未有的社会与经济互动、跨国政治动员、国际合作、科学交流和技术创新，使得世界各地的社会与经济体之间的联系更加紧密。然而，任何网络安全领域的观察者都可以证明，互联网也为各种形式的恶作剧和破坏活动提供了便利，其中一些甚至对国家安全和社会繁荣构成了严峻挑战。

到1986年，人们发现为苏联国家安全委员会（克格勃）工作的黑客已经成功入侵西方的军事和工业计算机系统,网络间谍活动的轮廓逐渐清晰。[14] 20世纪90年代中后期,一场被认为与俄罗斯政府相关的网络间谍活动从美国政府机构窃取了大量机密数据,包括美国航空航天局(NASA)、国防部和能源部的机密数据。[15]美国政府对这些漏洞及其明显的防御不足深感担忧,因此在1997年开展了一项名为"合格接收者"的机密行动。美国国家安全局(NSA)的特工伪装成敌方"红队",他们很容易便侵入了包括军事指挥控制系统、情报机构等在内的三十六个政府网络。[16]

互联网加速了远程网络间谍活动,国家不再需要派遣间谍潜入他国领土收集情报。这也不同于传统的信号情报收集方式,即间谍监听敌方通信以获取信息。这些被动行动正逐渐被国家在其对手计算机网络中更积极的干预取代,军事和情报行动之间的传统界限变得模糊。网络战被誉为国际事务中的下一场革命,装备精良的政府机构能够在和平时期和战争期间渗透进外国政府网络,造成破坏。此外,网络能力和知识的全球传播也吸引了新的参与者进入这一新兴的冲突领域。

在代号为"合格接收者"的网络战期间,国家安全局红队使用的是"开源"软件,任何具备相关知识和决心的人都可以免费获得。1998年，黑客组织Milw0rm入侵了印度核研究机构的系统，以抗议印度的核武器计划，他们删除并窃取了敏感数据，并在该机构的网站上留下了一条公开信息："不要觉得破坏很酷，因为它并不酷。"[17]当时也有美国黑客篡改中国的互联网过滤系统，试图引起人们对中国数字人权的关注。[18]

网络间谍、黑客行动和数字冲突曾是新闻头条的常客，但网络犯罪才是互联网全球化最大的受益者，也是网络安全领域的主要威胁。20世纪90年代，互联网以惊人的速度发展，自然吸引了那些想要利用公司和消费者的罪犯与投机者。分析人士经常提到互联网的网络效应，即随着越来越多的人加入网络，网络对用户的价值也随之增加。经济学家则关注规模经济，即随着用户数量的增加，互联网上的新数字产品和服务的单位生产成本可能会越来越低。这两个因素共同推动了这一时期电子商务的迅猛发展，以及21世纪初互联网泡沫的兴起与破灭，当时投资者的投机行为远远超过了实际的经济回报。然而，这些机遇也会被犯罪分子利用。网络立法和执法相对薄弱，进一步助长了不法分子的气焰，他们中有些人受到黑客精神的驱使,喜欢探索和摆弄技术,而另一些人则受到利润的诱惑。有些行为是篡改网站、发送恼人的垃圾邮件,例如1994年臭名昭著的大规模垃圾邮件"全球警报:耶稣即将到来",但更严重的蓄意入侵金融系统就另当别论了。1994年,花旗银行的电子转账系统被黑客盗取了1000万美元,这一事件被普遍看作未来网络犯罪浪潮的前奏,美国联邦调查局将其描述为"科技时代的银行抢劫"。[19]更令人担忧的是,这次事件由多个国家的犯罪分子共同实施,表明网络犯罪已经超越了地域限制,成了全球性问题。此外,这一事件也揭示了数字化转型背后的一些令人不安的真相。

基础设施

近几十年来网络威胁不断涌现,且多聚焦于计算机与数据。从技术层面看,这不难理解:没有数字计算机与数据,网络犯罪或间谍活动便无从谈起。然而,若深入探究这些活动的最终目的,我们会发现它们并非针对数字系统本身的固有价值,而是因为这些系统对个人、企业及社会具有巨大的经济、社会及政治价值。随着信息网络的全球化及其作为变革性技术的迅速融入，这些网络已成为当代生活几乎所有领域的核心基础设施，且在科技发达的全球北方国家中尤为明显。基础设施，顾名思义，是支撑更大规模活动或事业所必需的物理与组织资源。我们往往在日常生活中忽视了下水道、电力等基础设施的重要性，直到它们或其他支持社会基本功能的系统出现故障时，才有所意识。

网络威胁是对基础设施功能或可用性的一种潜在破坏，而基础设施对数字系统的依赖程度日益加深。1994年的花旗银行抢劫案与2017年的WannaCry病毒恐慌事件虽相隔25年，但二者都破坏了核心系统的正常运行，特别是金融和医疗保健基础设施。20世纪90年代末，公共政策领域逐渐认识到，基础设施不仅遭受着来自国家和犯罪组织网络威胁的严峻挑战，而我们对这些系统的依赖本身也成了一大易受攻击的软肋。此外，美国多次强调，正是那些高度依赖计算机网络和系统来支撑核心业务的国家，如美国自身，在面对网络威胁时显得尤为脆弱。

在此期间，网络安全并非唯一的关注点，

2001年的"9·11"恐怖袭击事件在美国同样产生了深远影响。由此，各国政府开始从关键基础设施的角度审视问题——随着对关键基础设施依赖性的增强，这些系统遭受破坏和操纵的风险也愈发突出。鉴于其广泛依赖数字技术，网络安全成为保卫这些关键基础设施免受内外部网络威胁的核心要素。通常，"数字"不仅是关键基础设施的一个部分，更是所有其他关键设施得以运行的基石。2005年，欧盟将"关键信息基础设施"（CII）作为保障其安全的首要任务，并给出定义："信息通信技术（ICT），无论是其本身作为关键基础设施，还是对关键基础设施（如电信、计算机/软件、互联网、卫星等）的运行都至关重要。"[20]这深刻体现了网络与其他基础设施的相互依赖，以及构成关键信息基础设施的多样化技术许多已超越传统国家领土边界的限制。

各国在认定关键基础设施时各有侧重，通常包括政府、国防、民用核设施、能源、水务、食品、通信、金融、医疗、交通、太空以及应急服务等。这些基础设施均高度依赖网络系统提供商品和服务，无论是在实物管理层面（如供应饮用水的管道、水坝和水库控制），还是组织运营层面

（如水务公司的业务流程、客户合同等）。在技术应用中，我们常常区分运营技术（OT）和信息技术（IT）。运营技术通过工业控制系统和安全机制等设备与物理环境进行交互；而信息技术则负责管理不同业务系统之间的信息流通。[21]两者虽都涉及软硬件，但功能各有侧重。然而，它们同样面临着网络操作带来的潜在风险。

2021年，美国科洛尼尔管道运输公司的业务IT系统遭遇勒索软件攻击，公司被迫关闭OT系统，导致美国东海岸燃料供应中断数天。犯罪团伙从公司勒索到部分赎金，但对无辜公民和企业造成的混乱却毫不在意。[22]想象一下，若能源基础设施不是被犯罪分子破坏，而是遭到国家黑客攻击，其目的便可能不仅是经济敲诈，而是经过精确计算，有预谋地制造恐慌，迫使政府做出改变，如屈服于外国的要求。意欲造成的影响是政治上的，而不是经济上的，但目标（OT/IT）和工具（恶意软件）却如出一辙。在侦察阶段，仅凭一个恶意软件样本，很难判断其真实目的是犯罪还是间谍活动，抑或更大规模破坏的前兆。[23]

事实上，并非所有网络行动都以破坏基础设施为目标，大多数网络犯罪的范围相对较小，它们更倾向于通过低级的欺诈和欺骗手段来利用人性的弱点，而非制造大规模混乱。然而，互联网是由多个网络组成的大网络，被视为一个具有极大影响力和重要性的全球基础设施，因此其面临的问题，尤其是依赖性和脆弱性这两个问题，也具有全球性。在国家层面，关键基础设施通常被认定为关键，但其物理和虚拟组件往往跨越国界相互连接，这在商业系统中尤为明显，因为跨国公司和超国家公司涉及国际物流和供应链，或通过银行支付和清算机制促进全球金融流动，这些环节都经常成为网络攻击的目标。[24]部分分析人士还担忧，一个地区或部门的基础设施网络故障可能会引发连锁反应，影响到其他地区和部门，甚至可能导致全球信息网络出现系统性崩溃。尽管我们尚未经历过全面的互联网中断（互联网的架构在一定程度上减少了这种可能性），但个别网络和平台已经多次发生意外中断，这表明全面中断的可能性仍然存在。[25]如果真的发生全面的互联网中断，全世界人民的日常安全会受到什么影响？谁会受到指责？谁会做出回应？对国家和国际安全有何种影响？

小结

本章简要回顾了自第二次世界大战以来计算机系统和网络的发展历程,主要目的是阐述计算机与安全之间的关系如何随着时间的推移而变得日益复杂。如同众多其他技术一样,国家安全是早期数字计算机发展的驱动力和试验场,这些计算机在战争结束后迅速在民用领域找到了新的应用。安全问题的范畴逐渐超越了国家需求,深入到个人隐私领域,并发展成为经典的"信息安全",其核心在于保护信息的保密性、完整性和可用性。信息技术的全球化推动了大规模的数字化转型,但我们在热情拥抱这一变革的同时,也应意识到数字依赖也带来了严重的脆弱性。从基础设施的视角来看,数字系统和网络构成了支撑日常生活与社会安全的关键基础设施。如今,网络安全已经成为守护从微小的设备、数据集到大型企业和最强大的国家的关键力量——它并非单打独斗,但其核心基础设施的地位无可置疑,忽视其重要性将带来沉重的代价。

以下各章将详细探讨网络安全目的框架下衍生的四大议题。第四章将聚焦于国家网络安全的政治经济层面,尤其是政府与市场如何协同应对网络安全挑战。第五章则剖析网络安全在国际舞台上的组织结构及争议点。紧接着,第六章将涉及网络安全的伦理与人文内涵。但在此之前,第三章将为我们描绘网络威胁的形势,并阐述网络安全如何应对这些威胁。

3
网络安全与网络风险

前一章详细阐述了计算机与安全之间历史关系的重要方面,核心观点在于计算机网络的普及与其固有的不安全性相结合,导致我们对计算机网络的依赖本身成为一个明显的弱点。网络安全的任务在于帮助管理这种脆弱性,从而使我们能从利用数字化转型中获利,而非臣服于由此带来的某些问题,这些问题在上一章中已略有提及。然而,挑战在于,人们普遍认为无法通过技术手段彻底消除网络不安全的状况,全球网络空间中充斥着太多的使用和实施错误,使得这一目标难以实现。此外,也无法提供万无一失的技术解决方案来抵御所有试图利用这些环境为自己谋利的个人和组织,包括网络犯罪分子、黑客或敌对国家。尽管技术网络安全措施无疑能够显著提升计算机网络和系统的整体安全水平，有时甚至能达到非常高的标准，但它永远无法实现绝对的网络安全，旧的问题依然存在，新的问题不断涌现，尤其是随着整体环境的动态变化，数字环境正经历着不断的重构。

　　本章将深入剖析网络威胁的复杂形势，并概述若干关键应对策略。数字目标之所以成为攻击焦点，主要源于两大动机：犯罪与政治。首先，我们明确了网络犯罪威胁的含义，揭示了其主要参与者和作案手法。尽管不会深入技术细节，但会引入贯穿全书的重要网络安全术语，如"恶意软件"和"社交工程"。接着，我们转向政治网络威胁，如间谍活动和网络战争，这些威胁背后是攻击者追求更高层次政治目标的野心，核心在于维护或扩张国家在和平与战争时期的利益。同时，我们进一步指出网络安全旨在保护多样化的对象，并与其他形式的安全紧密相关。为此，我给出了网络安全的定义，旨在全面涵盖其多样化的目标和愿景，我也将在本书末尾重申该定义。最后，基于对网络安全的深刻理解，我们引入了网络风险和网络弹性两个概念，作为应对网络安全问题的有效途径。

犯罪威胁

长期以来，网络安全领域的思考方式侧重于应对具体的网络威胁，这些威胁通常源于个人、团体或组织等不同类型的行为者，他们试图通过破坏数字网络和系统来实现自身的目标。然而，正如引言所述，这种分类方式并不总是十分有效。例如，在保护公司网络免受内外部威胁时，攻击者的身份是网络犯罪分子还是外国情报机构相对次要，关键在于你能否迅速识别攻击行为并采取修复措施。然而，在负责军事通信系统的安全时，快速定位攻击者就显得至关重要，这样才能为决策者提供即时情报，指导他们在必要时采取应对措施。不过，了解主要行为者的特征仍是识别需要保护内容的关键一步，因为不同的行为者有不同的目标，并可能针对不同类型的资产发起攻击。同时，他们往往采用相似的手段来获取和利用信息系统，这些手段有时被称为战术、技术和程序（TTPs），这也使得在缺乏深入调查的情况下，网络犯罪活动和政治行动会让人难以区分。

网络犯罪分子将网络空间及其用户视为非法收入的潜在来源,以及欺诈、盗窃和勒索的目标。[1] 通常,我们会区分网络依赖型犯罪和网络辅助型犯罪(见表1)。网络依赖型犯罪是指那些专门针对计算机系统、网络和数据的非法操作,如果没有这些硬件组件,这类犯罪就不可能存在。勒索软件就是一个典型的例子,还有其他各种非法访问和数据窃取的行为。而网络辅助型犯罪则是指利用数字手段实施的"传统"犯罪,如欺诈和盗窃。然而,在实际操作中,这种区分并不总是那么清晰,因为网络犯罪活动往往将这两种形式结合起来,这一点我们接下来会详细探讨。

表1 网络犯罪类型

网络依赖型犯罪:"针对机器的犯罪"	网络辅助型犯罪:"利用机器的犯罪"
非法访问(黑客攻击、破解)	计算机相关欺诈
非法获取存储数据	知识产权盗窃
非法拦截传输数据	网络钓鱼
干扰数据或系统	身份盗窃
勒索软件,分布式拒绝服务攻击,恶意软件	数字盗版
跨领域犯罪:有组织犯罪、暗网市场、网络犯罪即服务	

有时，网络犯罪分子的目标会锁定在公司，通过部署勒索软件来加密公司数据，收取赎金才能解密数据，从而获取经济利益；他们也可能窃取敏感的商业数据，并威胁收不到钱就要在网络上公开这些数据。在这些案例中，受害者往往支付了赎金，数据却未能恢复。此外，犯罪分子还通过窃取客户数据，如信用卡信息和个人资料，并在专门的网络论坛上出售给其他犯罪分子来获利，同时利用这些数据进行各种欺诈活动。在所谓的暗网上，这种非法交易形成了一个庞大的地下经济体系。有些犯罪分子甚至为其他犯罪分子提供定制服务，如出租基础设施、黑客工具和平台、勒索服务软件、恶意服务软件，这些都是他们丰厚利润的来源。[2] 毫不意外，只要有利可图，犯罪分子就会将目标对准公共服务或关键基础设施，如能源和通信系统。勒索软件对民用网络的广泛攻击，凸显了针对城市生活基础设施和服务设施的攻击日益增多，这着实令人担忧。2021年，在31个国家接受调查的教育机构中，超过一半都遭受过勒索软件攻击，影响了教学，并导致了知识产权的流失。[3] 2022年8月，巴黎一家医院被勒索软件攻击，犯罪分子索要高达1000万美元的赎金，导致医疗服务中断，患者被迫转移到其他医疗机构。[4]类似的事件频发，并有研究表明，针对美国医疗设施的勒索软件攻击甚至导致了患者死亡率的上升。[5]

网络犯罪分子不仅瞄准公司，还针对公司内部人员，诱使他们泄露密码等敏感信息，以便能够访问公司网络，同时也通过各种欺诈和盗窃手段欺骗日常互联网用户。他们可能将合法互联网流量引向欺诈网站，在用户设备上植入恶意软件，或利用社交工程进行心理操控，诱导用户泄露敏感信息。社交工程正是通过操纵用户的心理，利用他们的信任感来实施攻击。[6]发送钓鱼邮件是一种常见的欺诈手段，邮件看似来自正规渠道，实则诱骗用户泄露信息，这些信息随后可能被用于访问商业系统或进行其他获利活动。这些钓鱼邮件往往是大规模的垃圾邮件活动的一部分，少数人的回应即可让犯罪分子收回投资。而"鱼叉式网络钓鱼"则更为精准，针对特定人群，伪装成同事或客户，让他们在不知情的情况下提供个人信息，当他们针对的是公司高层时，这类行动被称为"捕鲸"。此外，通过短信、语音电话和社交媒体消息实施的欺诈活动也日益增多，智能手机和移动设备的普及为犯罪分子提供了更多机会。

在战术、技术和程序（TTPs）的语境下，使用恶意软件侵入系统与利用社交工程存在显著区别。两者都通过欺骗手段利用各自的"漏洞"，人类的信任也被视为漏洞的一种。欺骗，是大多数网络安全威胁的核心所在：它可能诱导计算机以特定方式运行，也可能欺骗人类用户。正因如此，有评论指出："在网络空间中，最终没有所谓的强行闯入。任何进入者都是通过系统自身产生的路径进入的。"[7]如果我们将人与机器视为一个社会技术系统的组成部分，那么这就解释了为什么逻辑（计算机）和认知（人类）路径都会成为被攻击的目标。在实际操作中，许多网络攻击活动都会将这两种手段结合起来。有时，用户会被诱导去做一些看似正确的事情，比如安装软件更新，但随后却发现这些更新本身在所谓的供应链攻击中已被篡改。[8]

政治威胁

前述章节并未全面展现网络罪犯的多样性和独创性，人们普遍认为，他们是当前最为常见且无处不在的网络威胁。然而，正如前一章所说，计算机网络也可以被那些具有政治目的的行为者利用，比如国家军队、情报机构以及黑客活动家等。尽管有人将潜在的网络恐怖分子也归入这一行列，但实际上，恐怖分子更倾向于利用传统的手段来制造更大的影响，因为这样对他们来说更为简单有效。[9]这些政治势力在实施攻击时，同样会运用欺骗的策略，尤其是国家势力，他们可能拥有更多样化的资源支持其行动。如果他们想要渗透目标系统以收集情报或破坏其运营，就必须依赖于对逻辑或认知结构的欺骗。与罪犯相似，他们往往也会同时采用这两种手段。

俄罗斯组织"蜻蜓"，据传与俄罗斯情报机构有关联，自2011年起便持续试图渗透并破坏西方能源公司及监管机构。为实现这一目标，他们综合运用了恶意软件攻击和社交工程手段。[10]在对抗"伊斯兰国"（ISIS）的军事行动中，美国军方和情报机构通过发送钓鱼邮件成功侵入ISIS的系统，随后在这些网络中部署恶意软件，以摸清其内部结构。此举导致ISIS成员被锁定在账户之外，不得不转而使用安全性较低的平台，从而可能暴露其物理位置，更容易受到传统军事力量的打击。[11]此外，这种网络行动还旨在削弱ISIS的在线活动能力，迫使其成员暴露行踪，并给他们造成心理压力。这些进攻性网络行动的影响远不只是破坏计算资产本身，更在于操纵对手的行为和决策。在关于大规模网络战对平民造成影响的极端设想中，攻击者可能会选择针对食物、水、交通和能源等关键基础设施，从而造成严重的社会动荡，迫使政府按照攻击者的要求改变政策和战略。

经济优势在某些网络行动中无疑是一个重要的推动力，但这些行动背后的真正动机往往与深层次的政治考量紧密相连：经济繁荣与政治安全如同孪生兄弟，密不可分。"高级持续性威胁"（Advanced Persistent Threat，简称APT）一词常用于描述由国家支持的较复杂的组织，它们长期对外国目标实施网络行动，主要目的是收集情报和窃取数据。尽管这些指控往往难以证实，且被指控的国家矢口否认，但在伊朗、俄罗斯、土耳其、以色列、朝鲜等地，已确认存在数十个APT组织，而美国则被一些观察家戏称为APT0。[12]这些APT组织通常会形成独特的TTPs，熟练的网络威胁情报分析师能够在其数据中发现这些TTPs，

3. 网络安全与网络风险

并帮助其他人识别和防范。[13]

刑事威胁与政治威胁之间的界限往往模糊不清。国家有时会直接参与网络犯罪活动，而犯罪分子也常被国家雇用来执行政府希望可以撇清干系的行动。以某国为例，它试图通过针对外部机构，特别是银行的操作来增加其稀缺的外汇收入。2016年，该国的盟友拉撒路集团（APT38）企图通过渗透国际数字支付系统SWIFT，从孟加拉国中央银行的美国账户中转出10亿美元。[14]幸运的是，由于一些警觉性高的银行员工及时发现，这一阴谋最终被挫败，但在那之前，已有8100万美元被转移至菲律宾的一个账户，其中大部分资金至今仍未追回。引言中提到的WannaCry事件，被认为同样是该国试图通过犯罪活动获取资金的（未遂）尝试。对于一个饱受制裁和外汇短缺困扰的国家来说，网络犯罪虽然非法，但对其领导层而言却是一个合理的选择。与此稍有不同，有指控称俄罗斯允许网络犯罪集团在其领土及邻近的国家活动，只要他们的目标仅限于外国实体，并向相关官员和包括俄罗斯军方在内的监管者提供回扣。[15]与其他国家一样，俄罗斯并不排斥雇用和指挥包括网络犯罪分子在内的各种代理行为者，以对其对手展开网络行动。[16]

在遭受此类网络行动的国家中，人们并不避讳将经济和犯罪性的网络威胁与国家安全紧密关联起来。2021年上半年，随着新冠疫情期间远程工作模式的显著普及，据估计，有多达7.54亿英镑的资金从英国银行客户的账户中被网络犯罪分子窃取。这一事件不仅给个人和企业带来了巨大的经济损失，还引发了人们对国家安全威胁的深刻担忧。[17]俄罗斯黑客组织在2021年对美国科洛尼尔管道公司发起勒索软件攻击，导致美国东海岸的燃料供应遭受严重破坏，一些参议员将此视为战争行为，强烈要求追捕并严惩犯罪分子。[18]尽管这是少数人的观点，但它巧妙地发挥了政治作用，指责乔·拜登政府未能充分重视美国关键基础设施的网络安全问题。我们也应该意识到，这种将问题升级的言论存在着一定的风险。间谍行为与战争是两种截然不同的概念，不应被混为一谈。[19]这一事件再次凸显了网络威胁的复杂性，它模糊了执法、经济安全、国家安全乃至地缘政治等多个层面之间的界线。

3. 网络安全与网络风险　　　　　　　　　　51

网络安全究竟是什么？

鉴于上述网络威胁的多样性和复杂性，网络安全在抵御这些威胁中究竟扮演了何种角色？而"网络安全"这一概念本身，又究竟有何含义？我们将在后续章节中更为详尽地探讨这些问题，但在此之前，我们首先需要明确网络安全的范畴。这需要我们深入探讨网络安全的定义，以及这些定义是由谁提出的。这并不是一项轻松的任务，主要因为网络安全领域的参与者阵容非常多样化，每位参与者都基于其专业职责或倾向，对网络安全的不同方面给予了不同的优先级。这导致不同领域的专家在交流时可能会产生误解或隔阂。此外，网络安全问题的范围也相当广泛，大多数定义很快就会变得冗长且难以驾驭。为了解决这一问题，我们第一步需要区分网络安全的两个相关但截然不同的含义。

首先，网络安全涉及网络空间本身的相对安全性。尽管"网络空间"一词并非人人喜爱，但它确实涵盖了包括互联网在内的信息环境的物理与虚拟组成部分。因此，网络安全关乎硬件、软件及数据的安全，同时也涉及这些元素复杂交互、相互依赖,构建出多样数字环境的安全性。其次,网络安全还涉及如何实现网络空间的安全,这包括所有技术性和非技术性的手段。一方面,网络安全是我们追求的一种理想状态;另一方面,它又是我们为达到这一状态而不断努力的过程。这听起来或许相对简单明了,但在实际操作中,关于这些概念的具体含义却存在着显著的差异和分歧,尤其是当我们意识到网络安全远不只是与计算机和计算机网络相关联时。

一个有效的方法是从不同社区如何定义和构建网络安全的角度来探讨。这些社区内部与社区之间差异显著,但每个社区通常都会将某个特定对象的安全性视为首要任务,而网络安全正是对此的一种贡献。网络安全的核心是长期以来的信息安全(infosec)议题,即保护信息和信息系统免受未经授权的或不适当的访问的侵害。信息安全专业人员虽然职责多样,但共同目标都是通过实施和维护技术措施来保护信息和信息技术。他们的安全实践主要围绕核心"目标对象"(见表2)展开,这些对象包括计算机、计算机网络和数据,需要被保护以免受各种威胁的侵害。这些威胁既有故意的,如网络犯罪或所谓的内部威胁(包括

表2　网络安全目标对象与主要网络威胁和网络安全的关系

	主要侧重点			
	信息安全	经济安全	政治安全	国家安全
目标对象	计算机系统、计算机网络、数据隐私	经济繁荣	政治秩序关键基础设施	国家关键基础设施军事能力
主要威胁	网络犯罪分子黑客黑客行动主义者	网络犯罪分子网络间谍（商业）	网络犯罪分子网络间谍（战略）网络战争	网络战争网络间谍（战略）
主体	网络安全行业	商业/私营部门情报机构执法部门	政府情报机构执法部门	政府情报机构军队
关键词	保密性、完整性、可用性业务连续性	经济稳定经济增长	政府国土安全	地缘政治外交战争

员工或承包商泄露敏感信息给外部）；也有无意的，如用户打开带有恶意软件的电子邮件或访问恶意网站。此外，他们还须应对软件和硬件配置中可能出现的代码和编程错误。在复杂IT系统和网络中出现安全问题时，他们往往是第一批响应者，对于个人和组织在数字生态系统繁荣发展至关重要。围绕信息安全，一个庞大的产业已经形成，为公共和私营部门的组织提供反病毒软件、

防火墙等各类商品和咨询、培训等服务。

然而,计算机系统并非单纯为了自保而设置保护。它们的目的是支持业务运营,因此信息安全工作服务于维持商业价值的更高层次目标。这正是为何网络安全应成为所有管理者和高管关注的焦点。缺乏网络安全意识和投资,将使公司面临业务中断和声誉受损的风险。同时,这也是一个公共政策问题,因为政府会敦促商业界加强网络安全,以抵御网络犯罪和商业网络间谍的威胁。在此情境下,网络安全即经济安全,其核心目标是通过确保稳定和增长来维护国家经济繁荣。执法部门在有限的预算内扮演着至关重要的角色,他们专注于打击有组织的网络犯罪集团以及其他可能破坏国家经济结构的威胁。情报机构也参与其中,尤其是当经济网络威胁来自某些国家层面的背景时。

网络安全同样关乎国内政治秩序和国家福祉。如果外国势力通过网络手段攻击医疗、能源、交通和通信等关键基础设施,可能会严重扰乱数百万人的日常生活,以及政府提供社会保障和维护法律秩序的能力。在美国,关键基础设施保护属于"国土安全"的范畴,这一称谓在其他司法管辖区也越来越普遍。情报机构和执法部门密切关注那些经常瞄准关键基础设施（包括选举系统等民主功能）的高级持续性威胁和网络犯罪分子，其中大多数都是跨国安排中的活跃成员，这些安排共享威胁情报和行动能力。网络安全在这里从操作层面转变为一种战略层面，因为它有助于保护社会免受网络威胁以及范围可能远远超出网络空间本身的连锁影响。

在军事和情报机构以及国家外交使团的活动中，这一点体现得更为明显。对于这些群体而言，网络安全是保护国家防止外国数字间谍渗透和抵御针对关键基础设施、国家军事能力及其他战略资产的敌对攻击的手段。这就是作为国家安全的网络安全。外交官们努力平息各国在这些问题上的分歧，并推动国际秩序愿景，希望借此促进国际安全和地缘政治稳定，我们将在第五章中探讨这些现象。

对不同的社区而言，网络安全的含义也略有不同。尽管大家都认同网络安全主要涉及计算机网络、系统和数据（广义上的网络空间）的安全，但其核心目标却随着社会、经济和政治背景的不同而有所变化。这导致我们难以找到一个普遍适用的网络安全定义。在此，我尝试给出一个临时性的定义：网络安全是指在网络空间中、从网络空间获得和通过网络空间享有的安全，以及为实现这一目标所采取的措施。这个定义虽非尽善尽美，但它准确地反映了网络安全既是一种状态也是一个过程，并且它的作用远远不限于保护网络空间本身。此外，它还暗示了网络安全不仅仅是防御或保护，还可能成为我们在生活中的其他领域主动追求目标的一种手段，这一点将在后续章节进一步阐述。

网络风险与恢复力

不论何种形式的安全，都是为了保护某个目标对象免受威胁。网络安全就是为了保护各种实体，无论是计算机网络、公司、经济体系还是国家，免受各种网络威胁和侵害。然而，我们必须认识到，绝对的网络安全是不存在的：有时威胁会得逞，因为总有一些漏洞可以被利用。既然网络安全最终都将失败，那么又为何要费心于此呢？要避免因此陷入宿命论，网络安全专业人士如何看待这个问题？近年来，一个关于网络安全的总体框架逐渐浮现出来,那就是网络风险。风险与安全并非同一概念。如果说安全是确保事情做得正确无误,那么风险则是选择做正确的事情。网络安全的核心在于计算机系统,那么我们要如何确定优先事项,如何分配我们的金钱和精力,我们的目标是什么?网络风险为个体、公司和国家决策层面提供了指导。

传统的风险评估方法通常采用一个方程式来量化:

$$风险 = 威胁 \times 弱点 \times 影响$$

作为一家管理网络风险的公司,比如为民用电网供电的供应商,我们会预先评估并识别其可能遭遇的网络威胁。基于丰富的经验,我们深知网络犯罪分子和高级持续性威胁会瞄准我们的行业进行攻击。因此,我们会紧密跟踪行业动态,并着手建立针对我们这类电力公司的已知和潜在网络威胁的档案。同时,我们也会深入内部审视公司本身、它的网络与系统架构,以及员工、客户和供应链的各个环节,以识别其中脆弱的部分。在此过程中,确保每位员工——从基层到高层管理——都能为网络安全贡献自己的力量至关重要。他们是否充分认识到物理和信息安全的重要性？是否存在密码管理上的疏忽，如将密码随意写在显示器旁的便利贴上？员工若需远程工作，是否接受了必要的安全培训？董事会是否将网络安全视为重要议题定期讨论，还是仅仅将其视为技术部门的职责？我们必须进一步深思，一旦遭遇重大网络事件，其后果将如何。这将如何影响我们的业务连续性？是否可能引发系统瘫痪或财务损失？我们又该如何量化并有效减轻这些损失？尤为关键的是，若因疏忽或自满导致安全漏洞，我们是否有信心能够避免法律或监管机构的问责？

这些问题以及诸多挑战，都是经过专业的风险分析后提出的，而这些问题有时会让组织感到棘手。它们共同表明了组织领导者需要就哪些问题做出决策，包括他们所珍视的价值，他们必须优先考虑的事项，以及在技术网络安全、员工培训、保险产品等方面所需的投资。掌握并应对网络风险是领导层的重要职责。正如许多高管亲身体验到的，忽视或低估网络风险绝非明智之举。以2017年艾克非（Equifax）消费者信用报告机构的数据泄露事件为例，近1.5亿美国人的个人信息被泄露，而其首席执行官却试图推卸责任，未能妥善应对。结果，他很快便离职了。如果他将网络风险视为艾克非这样一家以安全数据处理为盈利手段的公司的核心业务，并承担起相应责任，那么一个强有力的网络风险管理策略或许能够规避某些最糟糕的影响。[20]企业无法完全消除网络犯罪分子和高级持续性威胁等威胁，但它们可以通过弥补管理的漏洞来减少这些威胁对其组织的影响。这样，它们就能降低自身暴露在网络风险面前的概率。

一个至关重要的策略是网络弹性。这同样是基于对现实的认知，即尽管我们竭尽全力实施网络安全和网络风险管理措施，但网络负面事件仍有可能发生。因此，关键在于确保组织在面临巨大压力时，仍能最大限度地维持其关键服务的运行。对银行、能源供应商以及水、食物和交通服务等关键基础设施运营商而言，这一点尤为重要。英国国内情报机构军情五处（MI5）曾有过一句可能略带夸张但引人深思的话："社会距离无政府状态，或许只差四顿饭的时间。"这句话虽然可能有其夸张之处，但它确实揭示出产业的正常运作与应对突发事件之间只隔着一条非常细微的分界线。网络弹性是一个持续的过程，它要求我们为可能发生的网络事件做好准备，在事件发生时迅速减轻其影响，尽快恢复服务，并从每次经历中学习，以改进未来应对潜在问题的流程。新冠肺炎疫情期间的远程工作模式进一步凸显了网络弹性的重要性。在欧盟，欧盟委员会主席乌尔苏拉·冯德莱恩（Ursula von der Leyen）在2021年强调了这一点，她指出："在万物互联的时代，一切都有可能被黑客攻击。"这一观点加速了欧盟网络弹性议程的推进，并得到了新的跨国立法的支持。[21]

这就说到了对网络风险的一个更广泛的观察：像互联网这样的庞大技术系统，因其复杂性而充满了不可预测的动态变化。系统中存在着大量相互连接的节点和海量数据，这些都可能受到设计或实施错误的困扰。因此，我们需要从系统网络风险的角度来思考问题。[22] 系统的相互依赖性意味着一个地方发生的事件可能会引发其他地方的故障，甚至可能引发横跨多个部门的连锁反应。网络空间中的事件也可能对现实世界产生身体和心理上的影响。相反，物理上对服务器或云存储设施的破坏也会导致数据交换和依赖这些设施的服

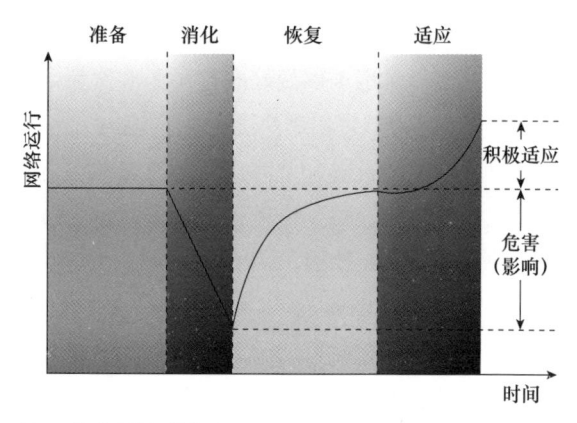

图3 提升网络韧性的过程

务出现问题。以2003年东北地区的严重停电事件为例，该事件是由物理破坏、软件问题和人为错误共同导致的，其影响波及了美国多个州和加拿大。在一些地区，恢复电力供应花费了数天时间。[23]而在2021年10月，由于"脸书"（Facebook）系统的配置错误，该平台及WhatsApp和Instagram意外下线数小时。[24]这一事件虽然引发了一些对"脸书"市场主导地位感到不满和对其动机持怀疑态度之人的幸灾乐祸，但我们也应该意识到，这些平台对数以百万计的人来说是工作、休闲和必要通信的重要工具。从这些事件中，我们可以进一步认识到一些小小的数字错误即会带来长期系统性影响，对关键基础设施和重要数字平台的蓄意攻击可能造成的严重后果就更不用说了。

小结

本章介绍了网络犯罪和政治网络威胁的总体情况以及应对方法。网络安全本质上是为了保护计算机系统、网络和数据，但不同行为者的具体理由因角色和责任而异。这就是为什么定义网络安全如此困难，我在前面给出的也只是临时的定义。此外，本章还勾勒了网络风险管理的框架，作为识别并优先考虑网络安全需求的一种方式。虽然这一框架主要聚焦于企业实体，但其原则同样适用于个人和国家。随着物联网（IoT）的兴起，越来越多的设备通过互联网相互连接，计算设备在日常用品中的广泛应用，使得数据在互联网上频繁传输，数字"攻击面"因此迅速扩大。[25] 同时，我们也不能忽视犯罪分子和国家机构在适应与利用新技术方面的强大能力，包括人工智能、区块链及计算技术等方面的进步，这些技术都对网络安全提出了新的挑战。未来，应对网络安全和网络风险的重要性将日益凸显，因此，我们需要构建更加完善和实用的概念及工具来管理这些风险。

在下一章中，我们将探讨如何将这些设计框架付诸实践。网络安全领域涉及众多参与者，有时会在角色和责任上产生分歧，这本书中即说明了这一点。网络安全中最重要的关系之一是国家与市场之间的关系。这凸显了公共部门和私营部门之间截然不同、有时甚至相互冲突的利益，以及这些利益对网络安全的影响。第四章将探讨国家网络安全的政治和经济因素，政府和企业如何通过公私合作模式加强网络安全，以及双方的活动有时会以何种形式削弱网络安全。

4

国家与市场

到目前为止,本书已经充分论证了网络安全既是技术问题,也是政治问题。这不仅仅是因为"所有安全问题都带有政治色彩",更因为网络安全与经济、国家和国际安全密切相关,这些领域本身就具有政治维度。正如第二章对历史的追溯所示,自计算机诞生以来,它们就与安全问题紧密相连。更重要的是,计算机还催生了具有安全影响的新行为模式,如网络犯罪、网络间谍活动和网络战争。第三章则详细描述了这一网络威胁环境以及我们提出的某些应对措施,特别是网络安全和网络风险管理方面。这些背景信息至关重要,但谁来决定具体需求,并将其付诸实践呢?有时,政府、立法机构和国际组织负责引导网络安全的方向，而其他各方则负责执行政策或调整实践，以满足法律和监管要求。而在其他情况下，则是非政府组织或行业在开发网络安全解决方案方面发挥引领作用。然而，在重要参与者之间，无论是出于实际考虑还是因为对网络安全应对策略的看法不同，都难免会出现紧张局势。

公共部门和私营部门之间存在着一个核心的区别。公共部门指的是由政府拥有、控制和出资提供公共服务的组织，如军队、中央银行、警察部门和国家卫生部门等。而私营部门则是由私人拥有，通常以盈利为目的进行经营的企业和商业实体。尽管这种区分在识别不同企业目标时很常见，但有时很难明确界定公共部门和私营部门的界线，在两者界线模糊的政治环境中，如在中央计划经济体制或私营公司提供公共服务的情境下尤其如此。然而，这为我们本章提供了一个有用的出发点，即通过公私互动的视角来审视网络安全的政治和经济问题。

首先，让我们回溯一下网络安全规则的制定者。政府无疑是公共政策的主要制定者，但非政府组织和公司等其他参与者也在其中发挥重要作用，共同影响了议程的设定。接下来，我们深入剖析公共部门与私营部门之间的关系，特别是那个持续困扰我们的难题——如何平衡商业利益与公共服务动机。第三部分，我们将聚焦一种特定的网络安全工作模式，即公私合营（public-private partnership，PPPs）。这种合作模式形式多样，是整合专业知识和资源以解决公共政策问题的有效途径。然而，它也可能面临挑战，特别是在需要共享敏感信息的情况下。最后，我们不得不正视公私互动中的阴暗面，包括一些人所说的"网络工业复合体"以及数字监控技术的国际市场的形成。这些问题共同构成了国家和市场在网络安全领域的相互依存关系的简要概览。

谁来制定规则？

政府制定政策以解决经济、社会和政治问题。公共政策通常以声明优先事项和目标这一形式出现，并附带概述在特定时间框架内实现这些目标所需的活动。这些措施通常包括建立新组织或精简旧组织，包括通过税收支付的新资金流以及监管。政府可以决定这些任务的方向和资源分配，而在民主国家，政府需要立法机构通过实现其目标的必要法律。利益相关者,即对特定政策领域感兴趣的所有人,随后会研究如何与公共政策保持一致,并在新的框架内使其利益最大化。

这就是我们所说的自上而下的公共政策方法,在网络安全领域很常见。20年前,很少国家有公认的网络安全政策;现在,至少有120个国家发布了高级别政策声明,将资源与网络安全目标结合起来。[1]虽然这并不能说明这些政策的效力,但它表明了各国对网络安全的重视程度,以及它们希望自己正在做的事被看到。例如,一些低收入国家在公共投资方面几乎没有什么贡献,但它们热衷于表明自己对网络安全的承诺,因为网络安全越来越被视为国家成熟的标志。[2]

这些政策在范围、目标和具体性上差异显著。有些仅仅是愿望清单;大多数缺乏实现目标的详细计划;所有这些政策都因各种原因受到同行专业人士和评论员的批评,这在公共政策中很常见。这些政策的制定部门也各不相同,这取决于国家的制度结构以及所面临的网络安全挑战。随着网络安全在国内政治议程中的重要性日益提升,优先事项也将随之变化。巴西历史上一直将军事部门视为网络安全的主要责任方,尽管其主要问题是网络犯罪，而警方和司法部门可能更擅长应对这一问题。因此，巴西最近加强了中央政府协调公共部门网络安全职能的能力。[3] 初始的高层战略催生出针对不同主题或部门的独立但相互关联的政策，这种情况并不罕见。自21世纪前十年尾声以来，英国内阁办公室一直是英国网络安全的中央协调机构，但它将职责委托给了多个政府部门，如国防部、商业部、内政部和外交部等，这些部门各自制定附属政策文件。[4]

尽管国家政策多种多样，但它们都有一个共同的核心目标：在追求国家网络安全目标的过程中，形成合力。政策为所有参与者制定了游戏规则，有时这些规则会正式成为法律法规。这总是很困难的，因为在公共和私营部门都有许多利益相关者需要考虑。这导致了政府部门之间以及政府与外部合作伙伴之间的紧张关系。还有一个更复杂的问题，那就是政府并不是唯一在网络空间制定规则的主体。它们可以为网络防御、网络弹性、网络外交、外交政策和技能投资等设定国家目标，但网络空间也按照其他规则运作。

我们在第二章讲到，互联网是建立在技术协议和架构之上的，这些协议和架构大多是在国家

4. 国家与市场

管辖范围之外开发的。技术专家仍然在全球数据交换、硬件和软件规范以及国际标准的制定中发挥着决定性作用。然而，这些专家群体中的大多数人对于大多数互联网用户来说仍然是隐形的。例如，维护TCP/IP技术标准的互联网工程任务组（IETF）并不比万维网联盟（W3C）及其对网络标准的维护更为公众熟知。这些组织并非由政府政策催生，而是由社区需求发展起来，逐渐成为跨国行为体，而国家在这种环境中却难以达到同样的地位。互联网协会（ISOC）就是一个例子，它成立于1992年，当时美国政府放弃了对互联网管理某些方面的控制权。后来，美国虽然有些不情愿，但还是放弃了其对互联网名称与数字地址分配机构（ICANN）和互联网号码分配机构（IANA）的名义控制权，这两个机构负责确保互联网流量能够高效地到达目的地。虽然这些非营利组织的工作并非全部与网络安全直接相关，但网络安全却是在它们所创造和约束的环境中运作的。政府可以更容易地塑造网络空间中的事态发展，但要想改变网络空间本身的架构和规则却并非易事。因此，当有人定期呼吁为了更好的政治安全而重新设计互联网时，通常会遭到强烈的质疑。[5]

网络安全的另一个重要驱动力来自市场。这并不是说市场直接制定了网络安全规则,而是说网络安全的成功在很大程度上取决于市场。政府机构拥有丰富的经验和专业知识,这是它们制定运营策略和政策的基础。然而,它们在迅速且大规模地提供创新的网络安全解决方案方面并不擅长,因此它们往往向私营部门寻求帮助。此外,全球网络空间的大部分都掌握在私营公司手中,所以政府在直接行使权力方面受到限制,除非通过法律法规来干预。如前所述,公共部门和私营部门之间存在一定的紧张关系,那么市场在网络安全中究竟扮演着怎样的角色呢?

私营部门的作用

在某些特定情境下,政府最适合以相对直接有效的方式推动变革。军事领域便是其中之一,政府能够在此领域内设定战略与预算的优先级,调配资源,并指挥国家公职人员(包括军人和公务员)按需行事。国家掌握着军事物资(如补给、装备和武器),并决定采购来源及使用方法。网络安全领域则截然不同。回顾网络空间和网络安全的发展历程，我们不难发现，尽管互联网最初由政府资助发展，但私营部门始终是技术创新的主要驱动力。过去40年间，私营部门更是成为了数字基础设施、硬件和软件的主要提供者。私营公司通过陆地宽带网络、卫星以及近五百条海底电缆在全球电信连接中扮演着核心角色，这些海底电缆承载着全球大部分跨洲数据流量。[6]尽管地区间存在差异，但大致估算，全球约90%的数字网络与系统均由私营公司而非政府拥有并运营。这一比例同样适用于那些依赖数字连接来执行关键社会功能的基础设施。政府意识到，这对其决策构成了挑战：公司在网络安全生态系统中扮演着举足轻重的角色，但如何使公司利益与国家利益相协调，成为了一个亟待解决的问题。

核心症结在于，如果企业认为自己必须独自承担安全成本，同时与"搭便车"的合作伙伴共享安全利益，它们可能会缺乏投资网络安全的动力。加之许多公司对网络风险认识不足，急于快速推出产品，导致它们有可能牺牲安全措施来达成目标，这使得情况更加复杂。自2016年起，臭名昭著的Mirai病毒就利用家庭监控摄像头、宽带路由器等不安全的物联网设备，对多个目标发起攻击。这些设备通常以廉价消费品的形式销售，且往往使用默认密码，如"0000"或"password"，安全性极低。Mirai病毒会扫描互联网上的这些设备，破解其保护能力薄弱的密码，将它们纳入所谓的"僵尸网络"，即一群被控制的计算机。这些计算机随后被用来向目标系统发送大量网络流量，实现分布式拒绝服务（DDoS）攻击。这些攻击通过向目标发送过量的通信请求，使其不堪重负而瘫痪，即实现了对信息安全三要素中"可用性"的破坏。2016年末，Mirai病毒对Dyn公司（类似于互联网的电话黄页）发起的DDoS攻击，导致包括亚马逊、BBC、贝宝（PayPal）和声田（Spotify）在内的数十个主要互联网平台服务中断。[7] 仅一个月后，Mirai的操作者又试图使利比里亚的移动通信系统陷入瘫痪。[8] 尽管已有人因Mirai攻击被捕入狱，但由于该恶意软件的源代码可在线获取，且安全性差的物联网设备仍在不断销售，Mirai及其支持的攻击活动仍在持续威胁着网络安全。

这一事件及其他众多事件促使政府重新审视并调整对企业的态度。以英国国家网络安全战略为例，其早期版本强调以行业为主导，推动网络安全解决方案的创新与发展，而非仅仅依赖于制定新的法律或监管措施。然而，2016年的新战略却承认，"依赖市场推动安全的网络行为，并未达到我们所需的速度和规模，以应对日益严峻的网络安全威胁"[9]。这一转变促使政府与行业之间建立了更为紧密的合作关系，并在2018年将欧盟的《网络和信息系统指令》纳入英国法律，该指令对数字服务提供商施加了更大的压力，要求他们提升网络安全水平，否则将面临惩罚性措施。到了2021年，政府更是推出了专门针对物联网的立法，该法案除其他措施外，还明确禁止在物联网设备中使用通用默认密码。[10]

法律与监管并非旨在与行业对立，尽管企业常常抵触更多立法与监管措施，认为其妨碍了商业自由。政府深知私营部门是安全创新的主要源泉，因此通过鼓励创新的产业政策来推动其发展，同时视网络安全部门为经济增长的独立驱动者和赋能者。[11]在此生态系统中，政府也是客户之一，依赖市场来满足其网络安全需求，特别是咨询、事件响应以及如"渗透测试"等定制服务。渗透测试人员被授权模拟黑客入侵计算机系统，以发现配置或流程中的漏洞，从而在真实事件发生前进行补救。[12]这是负责任的公共或私营组织在风险分析与管理方面所采取的另一种姿态，指导着它们的网络安全优先事项和投资决策。当然，企业对企业（B2B）的网络安全市场广阔无垠，涵盖了广泛的咨询与顾问服务、网络保险产品、软件和硬件解决方案、网络防御、培训等众多领域，以及庞大的消费者反病毒和防火墙市场。

政府致力于将网络安全作为国家需求来推动，企业在激励下参与这一项目，但两者之间往往需要进行微妙的平衡。有些人认为参与网络安全项目可能并不直接带来显著利润，甚至可能会抑制创新。网络安全公司自然乐于开拓这一市场——毕竟这是它们的业务模式，但要让其他企业实体参与其中则可能更加困难。例如，美国公司以及联邦政府本身长期以来一直对政府的网络安全干预持抵触态度。[13]在中国情况则有所不同，中国政府一旦制定网络安全政策，私营部门就会按规定执行。[14]

公私合营

政府和行业对于网络安全的认知有不同的看

法，这取决于它们对网络安全主要目的的不同理解以及各自的优势。然而，它们已找到超越传统法律与监管层级关系，实现有效合作的方法。公私合营在网络安全领域被视为政府、关键基础设施的私营运营商以及更广泛的网络安全行业之间合作的关键模式。这一模式兴起于20世纪七八十年代，当时政府希望通过引入"市场纪律"和新自由主义价值观来改进公共服务提供方式，同时减轻纳税人的风险负担，由私人参与者承担风险，并在其履行合同义务后获得相应回报。简而言之，公私合营是国家与企业之间的协同努力，在网络安全领域也展现出了多种多样的合作形式。这些合作有的相对非正式或自愿，有的则更为合同化，如渗透测试和其他提及的服务；但所有合作都涉及在公共与私人目标之间寻求平衡。[15]

公私合营包括建立新的机构，专门负责网络安全和关键基础设施保护。爱沙尼亚信息系统管理局成立于2011年，旨在将政府和几十个关键基础设施运营商集中到一个屋檐下，负责保护关键服务。它由公共资金支付费用，行业在自愿的基础上贡献专业知识和人员。[16]这种类型的公私合营通常是长期的，但其他类型可能召集时间较短或针对范围较窄的领域。例如，在奥地利、荷兰和斯洛伐克，政府、行业和学术界组成的委员会聚集在一起，共同制定国家网络安全战略。[17]其他计划可能涉及将行业人员借调到政府机构以解决新出现的安全问题，如英国的"工业百强"倡议。[18]所有这些公私合营都有一个额外的目的，即在社区之间建立信任，这是网络安全作为团队运动的重要组成部分。当然，这并不意味着在给定的公私合营中存在普遍的共识，而是主要参与者同意其在解决分歧方面发挥关键作用。

所有网络安全公私合营都涉及信息交换，可能通过共享专业知识或网络威胁情报来实现，对于合作各方都有助力。政府可以利用其战略情报能力，对敌对的网络行为者的活动和能力进行深入的评估。从网络间谍和网络犯罪受害者的角度来看，互联网行业也可以通过其客户关系做同样的事，因为它能够访问那些出于法律原因大多数政府难以轻易获取的企业网络。将这些信息来源整合起来，有助于政府和行业的决策制定，进而提升公共和私营部门的网络安全水平，特别是在信息能够实时共享的情况下。[19]

一个广为人知的例子是英国于2013年启动的

网络安全信息共享伙伴关系（CiSP），该计划旨在提供一个安全保密的环境，让英国企业和政府机构能够共享网络威胁情报。起初规模较小，如今已覆盖英国超过五千个组织，包括所有正式认定的关键基础设施部门的公司。虽然CiSP并非网络安全的"万金油"——和所有公私合营一样，其有效性取决于长期的承诺、可衡量的目标以及向双方证明其价值的能力——但它确实促进了网络威胁情报的共享，并助力利益相关者完善了其网络风险管理流程。[20]在全球范围内，还有许多类似的信息共享与分析中心（ISACs）和平台，它们服务于各个国家、特定的工业部门以及国际社会。[21]此外，计算机应急响应小组（CERT，第二章中曾简要提及）及相关的事件响应组织，在匈牙利、肯尼亚等多个国家都是公私合营的典范，也是特定领域团队常用的模式。

确实会有严重的冲突出现，阻碍了信息共享，并凸显了公共与私人目标之间有时存在的明显差异，以及社会对政府数据访问的更广泛的态度。旨在促进美国政府与科技公司之间信息共享的美国联邦立法，往往难以获得广泛支持。科技行业认为，对用户隐私的潜在威胁足以成为反对的理由，同时联邦机构将如何使用这些数据也不明确。公民社会团体——特别是在美国国家安全局承包商前雇员爱德华·斯诺登揭露美国在21世纪前十年及之后的数字监控行为后——表达了类似的疑虑，反对美国政府获取个人数据的立法者也持有同样看法。考虑到历史上的监控不当行为和重大数据泄露事件，这些反对意见并非不合理。例如，2014年，美方称数百万联邦雇员的安全许可数据遭窃，这一事件给美国网络安全的整体有效性蒙上了阴影。[22]此外，美国对网络安全采取的自由放任、不干预的态度也影响了其立场，在这种态度下，监管被视为商业的阻碍。因此，历届美国政府都试图缓解隐私担忧，并向业界保证，尽管政府干预不可避免，但将尽可能减少干预，并尊重市场对繁重监管的厌恶。

尽管多数人认为公私双方必须参与合作网络安全项目，但我们不应想当然地认为他们会一直这样做。国家和行业内部都存在着巨大的差异性，尽管它们已经通过包括公私合营在内的多种方式合作，以实现积极的网络安全目标，但如何平衡相互竞争的目标，并学会在运营和商业权衡中找到平衡点，仍然是一个持续的挑战。政府试图引导这一过程,以实现网络安全的最高目标,其中最主要的是保障国家安全,但市场总体上仍是网络安全的重要塑造者。

市场问题

私营部门和公共部门在网络安全方面的相互作用还有另一个层面。尽管公私合营等机制具有诸多优势,但国家和市场之间的关系还存在一些较为隐蔽且更引人关注的问题。虽然这些方面不应主导我们对网络安全的整体理解,但它们对我们理解网络安全服务的对象或目标提出了挑战。要理解这一点,我们需要将网络安全从一种保护性的概念转变为与积极追求国家目标相一致的概念。在这个意义上,我们再次回顾网络安全的定义,即人们在网络空间中,从网络空间、通过网络空间所享有的安全,以及为实现这种安全所采取的措施。这意味着网络空间可能只是用于追求其他形式安全的一个平台,就像我们在网络安全政策和实践中所看到的那样。例如,英国是公开承认具备网络攻击能力的国家之一,这只是英国利用"网络作为在科技重塑的环境中保护和促进我们利益"的众多方式之一。[23]其他国家也在利用类似的军事情报网络能力进行间谍活动和破坏活动，尽管它们否认自己正在这样做。关于这些手段是否合法，尤其是它们是否影响到平民和民用基础设施，仍然存在争议。在此背景下，对市场的担忧在于它在所谓日益壮大的"网络工业复合体"中的核心作用，该复合体推动了军事网络战、数字间谍活动、国内监控等被认为可能侵蚀人权的行为。[24]

这一论点基于1961年美国总统德怀特·艾森豪威尔（Dwight Eisenhower）的卸任演讲。他曾警告说，日益增长的"军工复合体"可能会对公共政策产生负面影响。军队将受益于更先进和更多的军事装备，而工业界则通过供应这些装备获得利润。艾森豪威尔担忧的是，这种动力将是自我延续的，由利润和对新军事能力的渴望所主导，而非客观的军事需求。如今，对于进攻性网络能力也有类似的争论，在一些评论家的眼中，这些能力是由网络战和间谍活动中的新奇事物所主导的，而不是出于战略或行动的需要。[25]正如艾森豪威尔在军工复合体案例中所指出的那样，网络安全领域也存在一种"旋转门"现象，即公职人员离职后进入网络安全公司，然后这些公司再游说政府以获得合同。有时这些个体最终会重新回到公共服务领域。这通常是网络安全生态系统中留住人才的有效方式，但也引发了人们对公司在公共政策和政府合同授予方面可能施加不当影响的担忧。

一些国家利用网络安全含义的模糊性，为其本不应属于网络安全范畴的数字监控和监视行为披上了合法的外衣。[26]这些国家不仅包括海湾和中东的威权国家，也包括民主国家如以色列，后者拥有强大的国内科技产业。臭名昭著的以色列NSO集团，就向墨西哥、巴基斯坦、卢旺达和哈萨克斯坦等国销售"间谍软件"。[27]此外，美国、欧洲和印度的部分公司也提供产品和服务，为在国内对政治对手、记者和民间社会进行监控提供便利，往往打着反恐或提升打击犯罪能力的幌子。[28]这种做法将网络安全政治化，将政治制度的存续置于人权和人类安全之上。从使用者的角度来看，这些能力通过进攻性网络安全策略和间谍活动来维护国家安全。然而，受害者的看法可能截然不同（见第六章）。除了合法途径外，还存在一个游离于搜索引擎和普通网络用户视线之外的暗网，这里是黑客商品和服务非法交易的温床。这些非法市场利用加密的点对点网络进行交易，网络专为匿名设计，使得犯罪分子能够交易非法商品和服务，包括了解网络漏洞和利用这些漏洞的工具。令人惊讶的是，政府也会作为调查者或客户，在这些平台上进行活动。政府的购买力支撑着这些市场的经济运作，使原本给人从事纯粹非法交易印象的黑市披上了一层模糊的"灰色"外衣。[29]

从经济角度来看，私营部门在网络安全领域成就斐然，但这一领域的蓬勃发展也对公共部门产生了深远的影响。据市场分析，当前全球市场估值已接近2000亿美元。随着网络安全行业的持续壮大，该行业对专业技能人才的需求与日俱增。预测显示，全球范围内网络安全人才缺口高达350万。[30]为了吸引人才，网络安全企业提供的薪资与福利待遇远超公共部门的承受范围，这进一步加剧了负责网络安全工作的政府机构的人才短缺问题。因此，政府在招聘时更加注重强调公共服务的价值观以及网络安全工作的使命感与紧迫感，而公共政策则着重于提升技能、加强培训、普及教育以及开辟网络安全领域的职业发展路径，网络安全越来越多地被视为一门独立的职业。[31]这构成了对公共部门网络安全工作的严峻挑战，因为这意味着更多的公共服务职能将不可避免地外包给私营部门。对防御性网络安全而言，这一做法在诸多方面都是合理且高效的，但对于进攻性网络安全策略而言，却引发了道德和法律上的争议。[32]

小结

网络安全的政治与经济议题远比本章所能详尽探讨的更为错综复杂。每个国家、政府、企业及工业领域都面临着不同的优先事项与难题，这些均需在制定有效的网络安全策略时予以周全考量。若存在一套追求与实现网络安全的规则，那么它们绝非国家独有的领地。政府在推动符合国家利益的公共政策的同时，亦承认专业知识与创新更多地源于私营部门、非营利组织及学术界。因此，探索合作之道，诸如公私合营，已成为一项至关重要的政策优先事项。与此同时，制定不抑制市场优势的法律法规亦是如此。核心挑战在于如何在利润与公共利益之间找到平衡点，尽管在开放或封闭的经济体系中，这两者并不一定相互排斥。

本章还深入探讨了国家与市场关系中那些对网络安全构成挑战的复杂层面，例如新兴的网络工业复合体以及那些在专制政权下运营、侵犯人权的国际网络技术市场。问题的关键并不是说所有情报和执法活动在任何情境下都缺乏合理性——尽管某些民间社会成员确实持此观点——而是我们需要时刻保持警觉，注意以网络安全的名义交织在国家与市场之间的复杂关系。我在此仅对这些问题做了简要讨论，因为它们引发了一系列亟待解答的疑问，而非直接提供了答案。这些疑问触及了包括你我的公民在网络安全领域中的位置，第六章将进一步展开这一主题。

从国家的视角出发，我们能对网络安全在现代世界中所扮演的角色有一定的认识，但这样的认识终究是有限的。毕竟，没有任何一个国家能够孤立到足以忽视网络安全问题的全球影响。毕竟，其核心的数字基础设施是跨国的，正如众多使之运转的公司也是跨国的一样。网络安全的政治与经济因素，植根于由国家和国际组织构成的国际秩序之中，同时也存在于全球市场的广阔天地里。各国在这些国际结构中不断博弈，争取更有利的地位：这正是外交政策和外交活动的宗旨所在，也是追求国家利益（包括网络安全）的环境背景。接下来的章节将探讨网络安全的国际层面，一系列问题凸显了网络安全政治愿景的深远影响。

5

国际网络安全

前一章内容聚焦于国家与市场的关系，探讨了如何在关键基础设施、经济安全及国家安全的大背景下实现网络安全目标，详细阐述了如何通过诸如公私合营之类的机制，来协调与平衡重要行为体之间可能存在的利益冲突，同时揭示了国家与市场在互动过程中因信息共享等议题而引发的多方紧张态势。值得注意的是，这些分歧往往发生在同一阵营内部：政府、行业以及各司法管辖区内的其他利益相关方，在宏观目标上通常能够达成共识，尽管它们在追求网络安全的具体愿景和雄心壮志上可能存在差异，但提升国家网络安全水平的共同愿望是毋庸置疑的。在国际舞台上，无论是在外交峰会还是联合国等国际组织的会议上，我们都能听到这些国家表达着相似的愿景与期望，然而，由于各国视网络空间为追求自身政治与经济利益的环境，它们在网络空间的国际规则制定乃至网络空间本身的用途问题上，往往意见相左。正如前几章所述，国家及其他行为体利用网络空间对其他国家实施军事与情报网络行动、开展商业网络间谍活动以及制造各类网络破坏，尤为重要的是，网络空间还成为了当前困扰全球公共领域的数字虚假信息与误导性信息激增的温床。[1]所有这些活动都在不同程度上影响着国际稳定与安全。

  本章探讨的是网络空间作为一个竞争领域的多重维度。具体来说，本章聚焦于各国如何在国际体系中推进其网络安全目标，这一过程如何影响国际安全与稳定，以及各国如何设法应对这一复杂局面。首先，我们审视了为何国家会将进攻性网络安全手段视为一种治国策略，并分析了其对国际安全与稳定的深远影响。随后，我引入了全球治理的概念，旨在阐述那些致力于解决国际网络安全问题（包括进攻性网络安全在内）的多项计划与倡议，这些倡议涉及来自各方的利益相关者。第三部分深入剖析了主要参与者在全球网络安全治理的前提与目标上的分歧，进一步凸显了国际网络安全领域所蕴含的地缘政治复杂性。最后，我们关注了各国在网络安全领域对国际法适用性的不一致看法，以及围绕主权这一核心国际政治概念所存在的具体共识缺失。

进攻性网络安全策略

网络空间具有全球性。尽管实体互联网的某些部分由特定国家的相关实体拥有和运营，但这些实体与国界并不总是严格对应，比如那些试图在某种程度上与全球互联网隔离的国家。为了从互联网中获取经济利益，任何国家都必须允许国际数据流量跨境流动，以进入全球数字市场。TCP/IP等全球数据环境协议，以及其他多个协议，均为各国共享；缺少这些协议，网络安全将受到削弱，且网络间无法实现互操作。尽管存在差异，但各国通过网络空间协议紧密相连。若自我孤立，则无法充分利用网络空间。

开发并不仅限于追求经济收益或实现一般通信功能。国家网络安全战略时常提及利用全球网络空间服务于地缘战略目的。这些战略通常以较为中性的语言表述。以英国为例，该国提到"在网络空间内及通过网络空间采取行动，以确保国家安全，并保护和促进英国国内外的利益"。[2]然而，这一宗旨是在介绍其于2020年成立的国家网络部队时提出的，该部队是一个专注于军事、警务和反恐行动的联合军事情报组织，致力于开展网络攻击（OC）。[3]尽管这可被视为对主权能力的一种合法运用，但并不能保证所有具备相应能力的国家都会负责任地使用网络攻击手段。经验表明，许多国家并未做到这一点。此外，利用漏洞需要对其有所了解。政府机构是应将这些知识留给自己，以便将其用于开发行动，还是将其告知更广泛的网络安全社区，以便所有人都能从修复漏洞中受益？为了平衡这些需求，需要采用所谓的漏洞权益流程（VEP），即根据每个案例的具体情况来做出决定。[4]有批评指出，这些流程并不完美，反而会增加网络风险。鉴于我们知道情报机构开发的黑客工具最终落入不法之徒之手，我们如何能够确信对手没有掌握这些知识并准备加以利用呢？[5]漏洞是网络安全的核心问题，而针对漏洞的攻击总会给某个人或某个系统带来安全威胁。

在系统层面,若国家或境内代理行为者利用漏洞采取行动,可能加剧国际不稳定。这涉及四个关键因素:一是网络能力相比多数军事和情报资产成本较低,促使各国发展它们,尽管为网络开战开发适当的配套组织基础设施仍具挑战。[6]二是网络行动易于否认,比传统方法更具吸引力,因为网络攻击比炸弹和子弹更难追溯。随着归因分析速度的加快,同时手段也变得更复杂多样,这种情况正在改变,但大多数网络行动的肇事者都否认参与其中。[7]三是网络行动可远程实施,无须部署海外人员或部队,避免了复杂的政治风险。这三个因素体现了网络空间的特点,但第四个因素关乎地缘政治:当今世界更不稳定,各国寻求在动荡的国际体系中占据优势,网络空间提供了成本低、可否认,且在政治上更具吸引力的新途径。这些因素导致进攻性网络能力全球扩散,加剧国际不稳定,破坏了对网络空间的和平利用。

因此,国际网络安全领域一个公认的事实是,永久性的网络冲突状态持续存在,这无疑降低了国际体系整体的安全水平。[8]尽管我们尚未目睹全面的网络战争,或是大规模的战争性"网络袭击",但现今,所有实体冲突均伴随着网络行动,例如俄罗斯与乌克兰之间的冲突便是明证。[9]此外，所有正在进行的国家间争端也都具备网络层面的特征，比如以色列与伊朗之间，以及印度与巴基斯坦之间的争端。[10]毫不意外，网络犯罪分子与所有负责数字系统防护或将罪犯绳之以法的人员之间，也普遍存在着冲突关系。一个长期存在的担忧是，网络事件可能会促使冲突升级，这既可能表现为从网络空间到传统交战的升级（垂直升级），也可能表现为冲突蔓延至陆地、海洋、空中和太空等其他军事领域，或是吸引新的参与者加入（水平升级）。[11]网络攻击者的意图难以确定，可能导致过度或不当的反应，加之网络攻击难以控制，可能产生附带伤害，进一步加剧这种情况。尽管迄今为止，支持冲突升级假设的确凿数据仍较为匮乏，但有充分证据表明，网络行动正在加剧国家间的不信任，尽管尚未引发战争，却导致了外交紧张局势。

全球治理

网络安全是一个跨国议题，与气候变化、贸易、知识产权、通信等具有重大国际影响的政策领域相似，它需要的结构和组织不应局限于民族国家。19世纪，随着战争、资本、不安全因素以及科学技术的全球化进程加速，特别是在欧洲帝国主义扩张的推动下，全球治理应运而生。[12]其核心在于，全球治理允许跨国行为体在没有世界政府的情况下制定和执行规则，共同解决全球问题。这是一种治理机制，而非政府形式。国家是重要的参与者，但全球治理同样涵盖工业界、民间社会、专家社群、学术界和非政府组织。因此，由这些不同群体组成的国际组织和论坛都属于多利益相关方（政府间结构则被称为多边结构）。

全球网络安全治理的复杂性不言而喻。我们已见证多个参与全球治理的实例，其中包括致力于维护全球技术标准的技术专家社群。各类信息共享与网络安全响应团队跨越公私领域，汇聚于全球网络——事件响应与安全团队论坛（FIRST），该论坛采用多利益相关方模式，共同制定全球政策与标准。[13]众多网络安全相关企业，无论是属于跨国架构还是以全球市场为导向，均在塑造全球网络安全治理格局中发挥着关键作用。例如，微软引领的网络安全技术协议，便是一项旨在保护用户免受国家及国家支持的网络行动影

5. 国际网络安全

响的行业倡议。[14]此外,还有一系列专业组织以不同方式助力网络安全治理,令人眼花缭乱。全球网络空间稳定委员会(GCSC),主要由前部长及官员构成,于2017～2021年活跃于国际舞台,积极探索推动网络空间国际安全与稳定的路径。[15]全球网络联盟(GCA)作为非营利组织,致力于提供工具与资源,以降低网络安全风险。[16]行业主导的《信任宪章》则旨在"构建一个更加安全的未来数字世界"。[17]除此之外,还有无数国际会议与论坛,以不同的复杂程度、资源投入与成效,来探讨网络安全问题。

几乎所有具备跨国政治职责的组织,都同样关注网络安全议题。联合国(UN)无疑是国际组织的杰出代表。该组织成立于第二次世界大战之后,旨在推动国际合作,维护世界和平与安全,并为此推出了多项对国际网络安全具有重大意义的倡议。其中,部分倡议聚焦于构建网络空间中国家行为的责任框架,包括规范攻击性网络行动。这些倡议致力于在国际和平与安全的背景下,制定和推广网络规范——各国在网络空间中应当遵循或规避的行为准则。接下来,我们将深入探讨这些长期且复杂的过程,它们充满了曲折与争议。

联合国下设多个专门机构,其中,国际电信联盟(ITU)于1865年创立,早于上述全球治理的第一阶段,但现已成为联合国的一部分。自2007年起,国际电信联盟便拥有了自身的全球网络安全议程,这是一个旨在"增强信息社会信心与安全"的国际合作框架。[18] 此外,诸如非洲联盟(AU)、东南亚国家联盟(ASEAN)和欧盟(EU)等区域多边组织,也制定了相关计划,以协调和统一其成员国在网络安全方面的做法。即使像英联邦这样主要由前英国殖民地组成的、略显奇怪的帝国残余,也推出了网络宣言计划,旨在通过网络安全促进经济与社会的发展。[19]

将网络安全提升至全球治理议题的高度,催生了一套新的国际政治实践——网络外交。[20] 外交主要是对国家间关系的管理,通常由专业外交官通过对话和谈判来执行,其目标多元,主要包括通过和平手段促进国家利益,以及维护国际和平与稳定。这两个目标在网络外交中同样重要,各国在尊重国际社会共同网络安全愿景的同时,也在网络空间中追求自身利益。这两者并非必然互斥,但在实践中,国家正直的外交主张与网络治国策略的现实之间,以及持有不同网络安全愿景的国家集团之间，经常存在紧张关系。[21]近期，人们开始关注所谓的一轨半对话和二轨对话的潜力①，在这些外交活动中，更广泛的利益相关方群体在正式外交进程之外，就网络安全问题进行"私下对话"。与官方外交官相比，这些参与者受到的约束较少，能够提出新的问题，开发新的网络安全解决方案，并将这些反馈融入更高层次的网络外交中。[22]

尽管名为"全球治理"，但治理范围或效果却很少能真正实现全球化。为了将理念和政策转化为实现跨国网络安全目标的集体行动，利益相关方必须认同各种进程的合法性及其所阐述的雄心壮志。然而，在实际操作中，他们可能会拒绝与特定机构合作或否决其提议。确保政策的妥善执行、监督乃至强制执行更是难上加难。国际事务中的竞争性民族主义导致各国优先考虑自身利益，而非国际社会的利益，它们知道违规的惩罚力度

---

① 一轨半对话，相对民间的"二轨对话"而言，指的是由政府官员和民间人士（学者、各界代表）共同参与、以讨论政策为主要目的的对话，参加的政府官员都以"私人身份"与会，不代表官方立场。——译者注

不大，或根本不存在。即便存在规范国家行为的国际法，国家仍可选择违反，并承受随之而来的外交风波、公众谴责以及包括制裁在内的反制措施。更可能的情况是，在达成任何具体共识之前，主要参与者就会对拟议行动方案的前提和内容展开激烈争论。下文将展示这种情形在国际网络安全领域中是如何发生的。

争议

很少有国家故意破坏国际和平与安全。所有国家都承诺——包括通过获得联合国成员国身份——维护国际稳定。国际事务的可预测性意味着各国知道从朋友和敌人那里能得到什么，以及如何在既定的游戏规则内追求自己的利益。长期以来，国际网络安全都存在着这样一些问题，即了解这些规则是什么，谁制定这些规则，以及进行这些讨论的适当外交场所是什么。自2004年以来，联合国关于信息通信技术（ICT）和国际安全问题的政府专家组（GGE）试图制定一些规则，主要是国家在网络空间的行为规范。如前所述，规范是关于国家自愿接受的预期行为的共同信念。

如果每个人都遵守这些规则，它们就会加强，并最终转化为国际法和惯例。如果一个国家的行为违反了规范，那么不仅该规范被削弱，而且违规方还有可能被负责任国家群体排斥。因此，规范可以鼓励支持国际网络安全的积极行为，并阻止破坏网络安全的行为。政府专家组面临的挑战是制定一套所有缔约国都能同意的规范，鉴于对网络空间与安全之间关系的不同看法，这并非易事。

政府专家组内最具影响力的国家在一些核心议题上未能达成一致。美国及其"志趣相投"的盟友长期致力于推广"开放、自由、全球互联、互操作性强、可靠且安全"的互联网愿景。[23]这一政治议程广泛涉及互联网的多方面问题，涵盖隐私保护、人权维护、经济繁荣以及对多利益相关方治理模式的承诺。俄罗斯、中国及其战略合作伙伴则一贯倡导多边模式，该模式优先考虑政府在网络安全及其他问题上的决策权，并提出"信息安全"的概念，以对可能损害国家利益的政治表达、数字动员及其他在线活动形式加以管控，同时并未忽视网络安全，而是将网络空间与安全的关系重新定义为以保障政权安全为目的的国内信息管控。

在外交政策上，这两种愿景存在竞争，不容易调和。它们的影响远远超过网络安全，对人权、产业政策和贸易产生影响。尽管存在这些差异，但政府专家组多年来还是制定了网络空间负责任国家行为的四项支柱和11项规范。[24]四项支柱是国际法、11项自愿性规范、建立信任措施（一种国家间建立信任的外交形式）和作为发展援助类别的网络安全能力建设（见图4）。11项规范包括了各国在和平时期共同努力加强网络稳定的义务，不蓄意允许他人利用其领土进行网络攻击，共享网络威胁和漏洞信息，不为针对关键基础设施的网络攻击提供便利，不损害CERT和其他事件响应机制，以及旨在提高网络空间整体安全性和稳定性的其他若干项措施（见图5）。2021年，这些被联合国另一个进程——信息通信技术和国际安全问题不限成员名额工作组（OEWG）认可。[25]政府专家组由联合国安理会五个常任理事国（中国、法国、俄罗斯、英国、美国）以及大约二十个其他国家的轮值成员组成，而不限成员名额工作组对联合国大会所有193个成员开放，并有意设计为更能代表国际社会。因此，所有国家都采用网络原则和规范，是朝着制定一

国际法 适用于国家在网络空间的行为（上）
网络能力建设 增强网络连接带来的好处并减轻其风险（左）

11项规范 明确和平时期负责任国家的行为规范（右）
建立信任措施 加强透明度、可预测性和稳定性（下）

图4　网络空间中负责任国家行为的四项支柱

国家间安全合作	考虑所有相关信息	防止国土内对信息和通信技术（ICTs）的滥用	利用ICT开展合作以制止犯罪
尊重人权和隐私	不破坏关键基础设施	保护关键基础设施	回应援助请求
确保供应链安全	报告ICT漏洞	不伤害紧急响应团队	

图5　网络空间负责任国家的11项规范

100　　　　　　　　　　　　　　　　　　网络安全有什么用？

个强有力的国际网络安全规范框架迈出的重要一步。

规范本身效力有限，需各国采纳、尊重、推广并将其融入国际实践之中。因此，全球以多边谈判的形式，聚焦于这些网络规范的有效落实，包括明确规范的实际含义及各国的遵守情况。可以说，一个经久不衰的行为规范是，许多国家虽然公开宣称尊重规范，但在实践中却屡屡违背。例如，美国网络安全和基础设施安全局（CISA）指责一些国家持续对西方关键基础设施实施网络攻击，明显违反禁止滥用信息及通信技术、破坏关键基础设施的相关规范。[26]这些国家则认为美国及其盟友也在实施进攻性网络行动，并引用爱德华·斯诺登揭露的历史事件等作为依据，但少有证据披露美国攻击了关键基础设施，且其战略布局使其得以在对手的网络空间采取行动，以威慑针对美国或其盟友的网络行动。[27]美国及其盟友则声明，它们遵守联合国等制定的负责任国家行为规范，与它们的战略竞争对手公然违反规范的行为形成鲜明对比。它们还坚称自己的行动符合国际法，即政府专家组提出的四项支柱之一。下一节将探讨国际法在网络安全领域适用性的争议，并特别关注政府如何解读和运用主权这一核心概念。

国际法

如前所述，将网络能力用于战略目的的进攻性行为已被纳入网络安全的整体框架。在这一框架下，从数字情报与反间谍活动到网络战争与反恐行动，部署了一系列网络活动，旨在推进国家战略与经济安全目标。政府可以为其网络活动提出切实的理由，但它们在国际法上是否被允许呢？联合国全部193个成员国均已认可联合国促成的一系列规范和原则，其中就包含一项共识：国际法（包括《联合国宪章》）适用于国家在网络空间的行为。然而，国际法如何适用的问题，仍然在各国中持续存在分歧。特别是"主权"这一国际法律概念，各国对其的解释不尽相同。

主权在国际法和实践中本就颇具争议，而在信息和通信技术以及网络安全的背景下，主权概念又呈现出新的变化。[28] 一些国家认为，主权是国际体系的一项原则，结合对领土完整不可侵犯的主张，这意味着一个外部国家针对另一个国家的资产所实施的网络行动是非法的，至少在和平时期如此。法国和巴西等国家持此立场，认为任何对其数字事务的干涉都是对主权的侵犯，包括通过数字间谍活动收集秘密或机密信息（这种行为在实体形态下并未被国际法明确禁止）。[29]而另一些国家，尤其是美国和英国，则将主权视为一个更为灵活的原则，认为主权（和领土）并非国家的绝对权利。在它们看来，这似乎允许在必要情况下（如防止即将发生的网络攻击或对现有数字侵略进行报复）对其他国家使用网络能力。政府专家组和不限成员名额工作组都未表现出对主权给出明确解释的意愿，因此情况依然不明朗，这实际上为对其他国家事务的网络干预留出了空间。甚至在北约成员国的盟友之间，对主权如何适用于网络领域及其对防御性和进攻性网络行动合法性的影响也存在分歧。[30]

对"主权"的含义缺乏共识，使得与网络安全相关的另一项国家政策得以形成。其中一种对"主权"的定义意味着，无论国家行为是否尊重国际法和规范（如维护人权的行为），国家在本国领土内拥有绝对的权力。网络主权作为一种在网络空间内划定领土边界的方式，由国家决定该空间内发生的事情及其原因。由于网络空间的跨国、网络化特性,它与将国家视为实体领土的"主权"观念并不相同。[31]这并没有阻止各国试图对其"国家"网络(通常以网络安全倡议的形式出现)加以管控。《中华人民共和国网络安全法》(2016)包含了广泛的合理条款,其中许多要求互联网服务提供商改善网络安全并保护个人数据,也将数字生态系统纳入国家安全框架,其中包括社交媒体平台在内的"网络运营商"必须向国家提供用户数据,以确保满足国家安全需求。[32]

国际网络安全法领域内亦不乏亮点。普遍共识认为,武装冲突法(国际人道主义法,IHL)同样适用于网络空间,这意味着战时的军事网络行动必须具备必要性、相称性,并高度重视保护非战斗人员。[33]欧洲委员会制定了《网络犯罪公约》(2001),旨在协调各国网络犯罪相关法律,并加强执法能力。[34]该公约最初由欧洲国家批准,如今已有超过65个缔约方,包括智利、塞内加尔、斯里兰卡等国家和地区。然而,地缘政治因素仍会产生影响。塔林手册因其与北约的关联而遭到一些国家的拒绝,国际人道主义法也会因将网络空间常态化为一个军事领域等理由,而被拒绝承认适用于网络空间。俄罗斯拒绝签署《布达佩斯公约》，理由是公约所倡导的跨国警务合作将侵犯其主权。[35]多年来，巴西因公约源于欧洲而拒绝签署；印度也基于这一原因持反对态度。[36]

　　与所有法律体系一样，国际法具有解释空间，而在缺乏世界法院的背景下，往往是多边环境中的各国政府来决定其应有的形态。在网络安全问题上，这一进程尚处于萌芽阶段。各国围绕现行法律的适用性展开辩论的同时，在是否需要以条约机制为形式的新国际法填补空白和遗漏方面，亦存在进一步的分歧。一位敏锐的评论员将各种提案巧妙地划分为"保护国家免受人民侵害"的条约与"保护人民免受国家侵害"的条约两大类。[37]从安全的角度来看，这反映了国家/政权安全与人类安全之间的差异。而互联网业界也发出了呼吁各国达成"数字日内瓦公约"的期望。[38]在关于现行法律是否充分、实际表现如何以及是否需要新的国际法等问题缺乏共识的情况下，管辖国家网络安全实践的国际法仍将继续存在争议、支离破碎且难以执行。

小结

国际网络安全领域尚未形成统一格局。各国在全球网络安全治理的权限与目标上存在分歧,包括规范、国际法及制定措施的论坛。实际行动与外交立场常有出入,且涉及诸多国家。人们普遍认为,在某些领域,全球网络安全治理的困境源于缺乏一个全面、可执行和有约束力的条约,将各国纳入网络空间负责任行为的框架中。这一观点要求我们正视全球治理的碎片化现象,它或许预示着治理体系必将崩溃。然而,这样的看法或许过于悲观,因为任何全球治理体系都非完美无瑕,都需要时间被接纳并发挥实效。我们或许可以换个角度思考,尽管全球网络规范和国际法可能存在诸多不足,但试想一下,若没有它们,国际网络安全将会呈现何种面貌?同时,我们也应承认,目前我们仍处于这一进程的初期阶段,且在某些时候进展显得尤为缓慢。但不可否认的是,国际体系的不稳定程度正在不断加剧,网络安全在其中既推波助澜又平息事态。国家采取的进攻性网络安全策略和数字间谍活动或许不会直接引发局势升级,但对于促进国家间的友好关系几乎毫无助益。相反,防御性网络安全策略能够减少被利用的机会,有效遏制恶意网络行动。规范可以明确国家在网络环境中的行为准则,而法律则能进一步震慑不良行为者。要确定哪些措施有效,哪些无效,国际社会还需付出更多努力。在缺乏技术解决方案的情况下,这一过程将通过紧张激烈的多边和多利益相关方谈判来决定。

6

网络安全与人类安全

网络空间曾有一个基本观念，认为它能创造一个不受国家管辖的空间：一个全球通信领域，让人们自由探索个人身份，建立跨国社群，并自主决定网络空间的未来走向。1994年，网络自由主义者约翰·佩里·巴洛在世界经济论坛召开期间，发表了著名的《网络空间独立宣言》，他直接向政府喊话："你们这些由血肉之躯和钢铁意志构成的庞大机器，我们并不欢迎你们。在我们这个自由聚集的地方，你们无权干涉。"[1]

当然，政府有不同的看法，就连最坚定的网络自由主义者也早已不再认为网络空间能完全摆脱国家干预或市场力量的影响。很明显，权力和资本在推动网络安全方面起着重要作用，尤其是在网络攻击方面，就像它们推动计算机网络及其依赖的一切防御一样。这不是讽刺，而是一个客观事实：国家网络安全政策既看到了网络空间的利用机会，也看到了其带来社会和经济效益的潜力，关键在于如何在个人需求和权利与国家及国际网络安全目标之间找到平衡。

本章重新审视了第三、第四、第五章中的一些核心议题——风险、国家与国际网络安全，但此番审视是通过个人的视角，而非集体政治实体、企业或市场的角度。采用我们在第三章中探讨过的术语来说，本章将个人置于网络安全讨论的首要参照地位。第一节将人类安全视为一个有用的视角，从而审视这一观念和实践的转变。第二节则从这一视角审视网络风险，并探讨终端用户与专业人员之间网络安全责任的平衡。第三节深入探讨了公民与国家之间的一些动态关系，特别是某些国家如何利用网络安全作为削弱个人安全的借口。同时，本节还探讨了监控在技术网络安全中的核心作用。第四节聚焦于网络战的人性层面，以及各国如何在尊重人类安全的同时，努力构建一个能够维护其开展网络战能力的道德框架。

人类安全

第三章中提供了网络安全的一个临时定义，即人们在网络空间中、从网络空间获得的安全和通过网络空间所享有的安全，以及为实现这种安全而采取的措施。这个定义虽然宽泛，但符合国家和国际社会对网络安全目的的表述。如果我们从这个定义出发，考虑"人"的因素，就能更清晰地思考我们——公民、平民和终端用户——如何能从网络安全中获益。政府可能会说："我们的网络安全政策本质上是为了保护和支持你们的生活方式，我们实施了多项措施确保你们能安全上网，远离网络犯罪和恐怖主义，你们还想怎样？"这话并非没有道理，许多国家都明确表示，它们都将网络安全置于其雄心壮志和行动的核心地位。然而，如第五章所述，网络空间并不等同于国家领土和权威。它是跨国界的，这意味着在应对网络安全问题和全球网络威胁时，政府所能调用的资源是有限的。此外，仅从保护的角度思考网络安全，会忽视在从事间谍刺探、军事作战等活动时利用网络空间来实现战略目的时所带来的安全感缺失，这些活动可能会影响到其他国家的人口。

同时，这种做法也未能认识到有时以网络安全为名造成的危害，如监视和镇压。

"人类安全"这一概念出现在20世纪90年代。秉承应对全球不安全问题的宗旨，它将人的需求置于首位；换言之，它使人类成为安全的首要目标对象。具体而言，它探讨了安全如何确保人们享有免于恐惧和匮乏的自由。[2]此议程并未否认军事行动在应对外部侵略中的重要性，但它指出，国家利益并不总是凌驾于平民福祉之上。因此，应重新调整国内外政策，以支持人权和发展方案，使人民能够决定自己的未来，提高人民对疾病、贫困和环境退化等非军事威胁的抵御能力。[3]重要的是，"人类安全"不仅关乎在威胁面前确保人民的基本生存，还强调这是满足人民对美好生活向往的一种方式。正如一位有影响力的学者所言，"生存即活着，安全则是生活。"[4]《世界人权宣言》（1948）第三条规定："人人有权享有生命、自由和人身安全。"国家将充当这种安全的保障者，而非安全本身的目标。

这与网络安全息息相关。若不能以人为本，即人民不被视为网络安全的核心目标，那么网络安全的意义何在？它绝非单指计算机系统的安全，脱离人类行为背景的安全毫无意义。若网络安全的目标是经济或国家安全，那在实现这些目标的过程中应该如何兼顾人民的福祉？若政权安全成为网络安全的追求，那么为实现这一目标，又牺牲或掩盖了哪些权利？尽管我们可以相对确信，多数民主国家在多数时候秉持诚信并尊重人权，但这并非普遍现象。同时，这也不能为任何地区未能履行法律、监管或规范义务的企业与国家行为提供辩解。下文我们将更详细地探讨，在追求免于恐惧与匮乏的自由时，人类安全视角如何助力重塑网络安全的关键动态。

免于恐惧揭示了网络安全中另一个长期以来既引人关注又令人烦恼的方面。政客、公司及媒体在描述网络威胁时使用的语言历来夸张，有时甚至带有明显的军事色彩。[5]他们时常会引用诸如珍珠港偷袭和"9·11"等历史事件，暗示未来的网络攻击可能会对社会结构造成同等程度的破坏，并可能引发国家层面的大规模动员作为应对。[6]在一本知名著作中，一位美国白宫前官员详细描述了美国若遭受网络攻击，可能会导致化工厂爆炸、飞机从天坠落等一系列骇人听闻的后果。[7]这些频繁提及网络战争的行为，实际上是政治宣传及企业营销的手段，往往无助于问题的解决。它们意在唤起决策者对网络安全的重视，并可能促使资源分配，这两者本身并非不正当，但"恐惧、不确定性和怀疑"（FUD）的言辞是一种粗糙的论证方式。[8]重要的是，这些言辞往往会转移人们对日常网络犯罪和软硬件安全陷入失控的注意力，而这些问题比导致大规模社会动荡的重大网络物理攻击更持久。说某事可能发生，与说某事预计会发生，是不同的。这也意味着人怎么说都有理：未来只要发生一起事件，就能为所有的言论找到依据。随着网络安全被纳入国家和国际政策的主流，近年来FUD的水平有所下降，其营销目标或许已基本达成。值得肯定的是，公众对网络散布谣言的行为也越来越持怀疑态度。不过，这确实提示我们，在谈论网络安全时，需要使用谨慎的语言，以明确的方式传达风险和威胁，避免夸大其词和可怕的猜测。

网络风险

从国家或行业的视角来看，网络不安全的根源往往在于人为因素。从黑客到内部人员乃至恐怖分子，这些不良行为者的名单耳熟能详，他们对网络安全构成了不容小觑的威胁。然而，还有一类主体同样对网络安全构成了严重威胁，那就是您自己。或许是因为您防火墙配置不当，让您的笔记本电脑沦为僵尸网络的一员；又或者，您根本没有安装防火墙。您是否曾点击过电子邮件中的恶意链接，却未曾察觉跳转到的网站有些异样？您是否曾不假思索地回复了人力资源部发来的看似官方的邮件，并提供了他们要求的登录信息？您的密码是否就贴在显示器旁的便利贴上？无论发生了什么，后果总是不堪设想，而现在总得有人来收拾这个烂摊子。这时，您可能会成为被指责的对象。但这真的全是您的错吗？

采用自上而下的网络安全策略，往往倾向于将责任归咎于他人。在网络安全生态系统中，你我皆是终端用户，位于网络的边缘地带，随心所欲地敲击、滑动着各种设备，却对自身的不安全行为浑然不觉，而这正是多种多样、伺机而动的威胁所瞄准的目标。即便我们通常是网络犯罪或其他危害的主要受害者，当事情出错时，我们往往会成为被指责的对象。这种指责并非毫无道理：我们忽视安全建议，在IT安全简报会上打瞌睡，明知故犯，还指望别人来为我们收拾残局。我们确实都应该做得更好。但是，将责任完全归咎于终端用户也是极为不妥的。正如信息安全领域的思想领袖布鲁斯·施奈尔所言，这种"责怪受害者"的心态在网络安全领域与在其他生活领域一样，都是错误的。[9]与其试图改变用户，不如改善安全本身。如果用户对于频繁的提示感到困惑或厌烦，那么网络安全专业人员的任务就是开发出真正为用户服务，而非与用户作对的实用安全措施。否则，就是领导层的失职，而非终端用户的过错。

我们每日都要面对风险并做出决策，但并不总能准确判断应采取何种行动。网络安全似乎是一个应由专业人员承担更多责任的领域。我曾问过我的学生，如果他们的收件箱中出现了一封恶意邮件，谁该为此负责。学生们的答案各不相同，有的说是发件人，有的说是系统管理员，还有的说是互联网服务提供商，甚至说是电子邮件软件本身。他们几乎从不怪罪自己。也许我们处理恶意邮件的方式不够理想，甚至可能因此遭受损失，但邮件的出现首先是我们的错吗？恐怕不是。这并不意味着我们不应该提高警惕，增强应对能力，但这确实意味着部分责任应回归其应有的承担者：那些能够做出技术和组织变革的专业人员。理想情况下，正如施奈尔所主张的，我们所有人应齐心协力共同应对，而不应该在指责终端用户上面浪费时间。大多数信息安全专家都深知这一点，因此，诸如"零信任"之类的网络安全范式应运而生，为用户提供与组织网络和系统安全交互的新途径。"零信任"原则假定，除非网络中的用户或设备始终能得到适当的身份验证，否则它们均不可信任。所有访问组织的应用程序和数据的尝试都须经过验证才能授予访问权限；未通过验证的用户和设备将被阻止访问，或以其他方式验证其身份，从而降低企业的整体网络风险。这并不会给用户带来过多负担，且整个过程高度自动化，还会给那些跨多个地点（包括家庭和远程办公）工作，且数据同时存储在本地和云端的组织提供额外的安全保障。您还会看到组织谈论"分层安全"，它涉及系统或网络架构的各个方面，如服务器、端点、应用程序以及静态和传输中的数据，并针对可能的攻击途径进行防护。"深度防御"提供了更广泛的安全措施，包括人员和物理安全，这一理念早在1970年的《威尔报告》（第二章）中就已提出。这些措施虽不能做到尽善尽美，但只要实施得当，且通常相互配合，就能降低组织及其依赖的一切所面临的整体网络风险。

从人类安全角度出发，这些措施还能有效降低个人面临网络风险的风险系数。它们虽无法彻底根除网络威胁，但能最大限度地减少安全漏洞。至于数据泄露和网络犯罪对个人造成的影响，则是另一个值得探讨的问题。每年有数百万人遭网络犯罪分子欺诈，这种情况在以国家为中心的网络安全叙述中时常会受到忽略。在某些国家，你成为网络犯罪受害者的可能性甚至高于其他任何类型的犯罪。即使是被黑客攻击的组织，也可能因收入损失和裁员而付出人力成本。若因敌对国家或犯罪分子的网络行动导致国家关键基础设施发生大规模故障，最终受害最深的往往是普通民众，就像政府和公司无法提供基本服务时那样。[10] 2021年美国科洛尼尔管道因勒索软件攻击导致的六天燃料短缺，就是一个明显的例子。同样，2020年一起针对德国某医院的勒索软件攻击，导致救护车被调往别处，一名女性因治疗延误而死亡，这可能是第一起因网络攻击导致的死亡事件。[11] 尽管第三章已指出，弹性是网络风险管理的标准方法之一,但在这种情况下,期望人们对完全无法掌控的事件和动态保持弹性,显然是不切实际的。

公民与国家

从人类安全的视角审视个人与国家间的关系,恰似将国家比作庇护所,而我们则是国内居民。[12] 倘若居所内部生活条件恶劣,那么维护房屋结构、防范外来侵扰又有何益?再者,如果维护这居所安全的代价高昂,以至于削减了居住者的幸福感,这又该如何是好?这才是包括网络安全在内所有安全形式的核心要义:安全本身并非目的,安全必须服务于人民的福祉。诚然,国家的构成形态各异,但那些自诩为民主负责的国家均深知,国家安全及网络安全是经济繁荣、社会稳定和个人通过休闲、教育、就业等多种途径实现自我表达的基石。国家可以通过确保网络安全成为提供公共服务与私人产品(包括医疗保健、核电、电力、水资源、燃料、国防及应急服务等关键基础设施)不可或缺的一部分来满足民众免于匮乏的需求。当然,这些服务远非尽善尽美——服务获取存在歧视，贫困更是富裕国家的隐疾。但网络安全的一大宗旨在于维持民众日常生活的必需，并助力他们实现愿望与抱负。将网络安全视为国家安全，同样可合法地视其为促进免于恐惧的自由，但公众已对跨国互联的风险及计算机网络可能造成的伤害有了前所未有的警觉。

国家的安全实践也可能成为个人不安全的根源。尤其是当政权安全凌驾于公民权利与人权之上时，政府通过有争议的军事、执法、司法、反恐及其他安全行动制造了不安。若国家安全即指国家自身的安全，那么政府便有权决定谁应被视为公民，谁应被诋毁或非人化。此时，国家对人类安全义务的坚守已然崩塌，恐惧与匮乏被激发，甚至可能被纵容。网络安全看似并非实现这些结果的直接途径，但有两个因素值得我们铭记于心。

首先，各国政府对网络安全的看法不尽相同。我们已听过这种观点，即网络安全可以用来掩盖一系列国家安全实践，而这些实践在大多数国家看来并不属于网络安全的合法范畴。像一些海湾国家故意给网络安全的含义引入歧义，使它们能够进行国内监视，瞄准政治对手，并控制信息。[13]与此同时，它们将网络安全的组织中心从工业和学术界等技术专家社区转移到更传统的国家安全机构（警务、军事、情报）的核心。这似乎有些表里不一，但符合网络安全的定义，即人们在网络空间中、从网络空间获得和通过网络空间享有的安全，以及为实现这一目标所采取的措施。它与更多尊重权利的政权的不同之处在于，它将国家安全置于公民安全之上。各国政府以不同的方式为这些措施辩护。中国强调，网络安全应符合中国主权利益和国家和谐、团结、稳定的目标。这看起来是合理的，网络安全被纳入一个更广泛的信息安全概念，将大规模监控扩展到所有公民，并有可能成为压制不同的政治和文化认同表达的工具。许多西方国家同样在信息流动上施加了一定程度的主权控制，尽管它们往往不会以网络安全为借口或将其包装成网络安全议题。[14]

其次是聚焦于技术网络安全在实际运作层面的应用。若想了解某网络或系统的具体情况，监控并提取相关数据以供决策参考便成为必要之举。这恰恰是网络安全及其他技术流程通过高速、大规模和自动化的方式，并常借助人工智能（尤其是机器学习）算法来达成的目标。尽管这种做法未直接涉及对少数群体或政治对手的针对性监视，从而避免了相关的政治指控，但它本质上仍是一种监视形式，其对象不仅限于恶意软件、网络犯罪分子和高级持续性威胁（APTs），更扩展到了用户行为层面。有一种说法认为，"监控已成为互联网的商业模式"。[15]企业以提供服务为交换，获取用户数据，这些数据随后被转化为商品，服务于各种营销目的，进而催生了"监控资本主义"的概念。[16]网络安全行业亦步其后尘，采用了这一模式。尽管我们不应轻率地对这些数据在日常网络安全中的应用持否定态度，但我们必须警惕，当这些技术落入政府机构之手时，可能带来某些潜在影响。斯诺登的揭露展现了"民主国家"在私营部门协助下大规模收集用户数据的真实图景。争论的核心并不在于网络安全监控本身是否有效——它确实有效——而在于它必须接受严格的监督和问责。

道德与网络行动

国内网络安全是大多数国家网络安全政策的主要焦点。它旨在确保网络空间的安全，以促进经济繁荣和政治稳定，并确保继续向本国公民提供基本商品和服务。正如我们在前几章中看到的，网络安全还被用于通过跨国干预来维护国家利益。这两者紧密相关。之所以需要采取防御措施来威慑和对抗高级持续性威胁、外国网络犯罪分子和其他敌对势力，正是因为其他国家在实施或纵容这些"越界"网络行动。人们关注别国的商业网络间谍活动和网络破坏活动，许多国家已经拥有或正在发展相关技术，以用于针对其他国家开展地缘政治目的的网络行动。本节探讨了有时被称为网络战的一类进攻性网络行动中的人为因素。这是一个有争议的概念，而为了本文的目的，我们将用它来指代一种军事情报手段，即利用网络技术来剥夺、扰乱、欺骗、削弱或摧毁外国实体或国家的计算机资产或数据。[17]这意味着两个或多个国家之间处于高度敌对状态，但不包括常规的情报收集和间谍活动。根据国际法和尊重人权与安全的原则，为网络战制定一个道德框架，以最大限度地减少对平民的干扰，是目前一些西方国家的目标。

20世纪90年代，网络战作为一种在战争中产生"效果"的新方式应运而生。[18]军事领域中的"效果"指的是军事（武装）和非军事行动所产生的后果。因此，军事策划者在决定需要哪些能力来实现目标之前，会考虑一系列他们所期望的物理、心理、社会或政治效果。随着互联网的发展，各国军队也日益依赖网络空间进行通信、指挥和控制，从而为对手提供了更大的潜在"攻击面"，以便通过产生效果来扭转军事对抗的局面，使之有利于自己。同时，由于民用和政府网络相互交织，民用或非军事数字资产也可能受到军事网络行动的影响。有些时候，这种情况可能是无法避免的。

考虑对复杂数字网络发起网络攻击的国家应理解和尊重国际人道主义法（IHL）中关于攻击民用基础设施的规定及其对非战斗人员的影响。国际人道主义法明确规定，军事行动应遵循必要性、区分、相称性和避免不必要痛苦的原则。这些原则同样适用于网络行动，即攻击是实现军事目标所必需的，必须充分区分军事目标和民用目标，不得使用超出必要限度的武力，并尽量减少对平民的附带伤害。暂时使广播电台离线与永久破坏电网之间存在差异，但每项行动都必须考虑是否过度影响平民。这在动态（物理）攻击中相对容易判断，但在网络攻击中则更为复杂，因为网络攻击更难控制，其效果也更难预测。大多数网络战是非致命的或可逆转的，因此我们对伤害的理解有所不同；它低于传统意义上的"使用武力"的程度。这可能会鼓励使用网络战。例如，有人认为，在战争中，使用网络能力可能比使用其他替代手段更符合道德。[19]然而，考虑到网络的互联性，控制网络行动的效果可能很困难。如果不能完全预测某项网络行动的后果，如何保证自己遵守了区分原则？对空袭或炮击来说，这很容易做到，因此使用网络能力可能会受阻。那么，如何判断网络行动的效果呢？对网络行动进行战斗损害评估很困难，当大多数效果都是信息性或心理性的，而非物理性的时，情况更是如此。因此，相对于传统军事行动，网络战处于某种灰色地带，国防界正在热烈讨论如何为军事网络行动制定符合国际人道主义法原则的道德规范，同时允许在规定的限制范围内使用网络能力。[20]

这一图景因传统军事对抗的罕见性而进一步复杂化。如今的大多数冲突发生在国家与非国家行为体之间（如ISIS，见第三章），或涉及代理人部队，模糊了战斗人员与平民之间的界限。这不应被解读为给网络战或任何其他形式的进攻性网络安全行动创造了宽容的环境（尽管一些国家的行为似乎如此）。例如，美国在和平与战争期间实施进攻性网络行动时表现出了显著的克制。[21] 这或许与普遍看法相反，但作者认为，像美国这样致力于维护国际法并将其作为网络空间负责任国家行为一部分的国家（见第五章），也将这一承诺扩展到使用网络战和其他进攻性网络安全工具上。也有人曾提出这样一个建议，即负责任的具备网络能力的国家应该发展一种"最低有效进攻性网络能力"，这将适用于进攻性网络行动的所有应用场景，包括网络战。[22] 我认为这将有助于遵守国际人道主义法，并维护世界各地平民的安全和自由权利。

小结

本章建议我们更加关注网络安全与人类安全之间的关系。网络安全在维护人类安全方面发挥着重要作用，例如保护关键基础设施免受破坏，确保关键商品和服务的交付。它还需要以鼓励最终用户参与网络安全项目的方式进行沟通和管理。就其进攻性的一面来说，网络安全——例如通过网络战——也可能破坏人类安全，这也是负责任国家要制定道德框架以减轻其负面影响的原因。在一些地方，网络安全被用作监视和政治镇压的掩护，从而侵蚀了人类安全和人权。我们需要关注这些动态，并如第五章所述，在力所能及的范围内加以解决，敦促我们的政府维护他们所承诺的规范和法律制度。

如果你觉得我们似乎已与技术上的网络安全渐行渐远，那是因为真实情况确实是这样。本书主张，网络安全——本质上——是一项政治工程。它既是国家与国际政策、法律规章及全球治理的焦点，亦是技术社群、学术界与民间社会等各方利益相关者高度关注的对象。其优先事项与目标，由国家层面的高层政治决策与跨技术社群、学术界及民间社会等利益相关者的日常政治运作共同决定并实施。在后续的结论部分，我将串联本书中探讨的若干主题，并就如何推动网络安全迈向21世纪提出若干想法。

7 结论：全球对话

本书旨在为读者提供一套工具，以深入理解网络安全及其在当代社会所扮演的角色。我提出，我们应当将网络安全视为人与技术之间复杂互动的产物，而非仅仅局限于计算机科学家与网络安全专家所专注的纯技术领域。鉴于数字转型的广泛深入，网络安全已渗透至我们生活的方方面面。若将网络安全视为一个"棘手难题"，那么仅凭科学技术之力难以将其攻克。它需要汇聚来自不同背景和专业的多方力量，共同参与全球对话，共同探讨如何有效抵御蓄意及意外破坏带来的多重威胁，从而确保我们的数字世界安全无虞。本书各章节始终贯串着一个核心观点，即网络安全是一个跨越技术、国家乃至国际层面的政治议题。

第二章详细阐述了网络安全是如何在20世纪末从信息安全早期概念中逐步发展演变而来的。这一演变过程得益于计算机系统走出大学和实验室,成为全球商业与通信领域不可或缺的联结纽带。互联网堪称人类历史上最具颠覆性的技术之一,然而,它也带来了诸多安全隐患,社会经济系统一旦存在这些隐患,便为犯罪分子、黑客以及敌对国家提供了可乘之机。我们对网络空间的依赖,已然成为我们的软肋,且这一软肋难以仅凭技术手段加以弥补。

第三章更详细地介绍了网络威胁形势,特别是犯罪和政治威胁,以及网络风险管理和弹性如何发展以应对个人、公司、国家和国际秩序面临的总体网络威胁。这让我们看到网络安全旨在保护一系列不同的对象,即"安全目标对象"。由此,我们引入了网络安全的临时定义,即网络安全是指一个人在网络空间中、从网络空间和通过网络空间所享有的安全,以及为实现这一目标而采取的措施。网络安全既是一种理想状态,也是我们实现这一目标的过程。

第四章说明了网络安全如何在公共和私营部门的互动中发生,每个部门都采取了不同的方法来获得网络安全。公共服务与盈利动机之间的紧张关系有时可以通过诸如公私合营之类的组织安排来缓解，但这种紧张关系依然会存在。有时，我们不禁要问，网络安全到底在为谁的野心服务，本章也提请注意网络安全的一些黑暗面。第五章也是如此，当然主要关注点是就网络空间和网络安全在国际体系中的样貌的政治愿景展开的争论。这就是网络安全作为竞争性地缘政治议程的工具和功能，以及对国际安全和稳定的挑战。

本书抛出这样一个问题："网络安全有什么用？"第六章给出了答案——网络安全，归根结底将为我们每一个人所用。从人类安全的视角审视，网络安全应当如同任何其他形式的安全（无论是军事安全还是其他）一样，确保我们免于恐惧与匮乏。这并不意味着网络安全不应服务于技术、国家、经济或国际安全——它应当服务于这些领域，否则便是无稽之谈。正如房屋与居住者之间的关系，国家和国际社会亦有能力为我们提供网络安全庇护，让我们在安全的环境中安居乐业。私营部门虽可助力维护这一保护伞（当然，这是要收费的），但人类安全应当始终占据首要位置。当我们目睹某些攻击性网络安全行为或数字间谍活动时，必须构建一套使用框架，在达成国家和国际安全目标的同时，将人权与安全置于首位。在这个日益趋向竞争性民族主义，且将"网络"视为可为国家利益所利用领域的世界里，这始终是一项艰巨的任务。各国已就网络空间中负责任国家行为规范达成了规范性框架，包括维护能够保障人类安全目标的国际法，然而，各国的实际行动又常常破坏这一框架。随着数字化转型的加速推进，不安全的物联网使得全球攻击面日益扩大，攻击者也开始利用人工智能和其他创新手段获取数据、破坏关键基础设施以及实施供应链攻击，网络威胁正迅速增加。在未来十年里，网络不安全水平很可能会上升而非下降。

　　网络安全无疑是当代世界不可或缺的一环。倘若缺失这一环，近几十年来蓬勃发展的全球数字化转型，恐怕会在其固有的缺陷与不安全的设计之下轰然倒塌。为了确保全球信息环境惠及每一个人，管理网络风险显得尤为必要。而这项工作，绝非单纯的技术项目所能涵盖，我想这一点已在本书中得以明确。网络安全从业者、软硬件设计师、网络工程师以及各类计算机科学家，在开发网络安全解决方案的过程中扮演着至关重要的角色,然而,并非所有解决方案都能在技术范畴内得以孕育。全球网络空间,对于国家、犯罪分子、黑客行动主义者、恐怖分子等而言,仿佛是一片可以任意开采的战略与经济利益的沃土。各国及其代理人正不断开辟新的竞争渠道,往往肆无忌惮、有恃无恐,对国际安全与稳定构成了严重威胁。面对这些问题,政治解决之道显得尤为重要。尽管国际社会在协调此类活动方面已付出巨大努力,但仍无法保证能够达成共识,形成切实有效的解决方案。

尽管这条信息透露出些许悲观情绪,但它绝非绝望的宣言。它更像是网络安全界时常敲响的警钟。无论我们对网络安全及其主要功能有何种理解,都应将其置于数字技术困境的大背景之下进行考量,这一领域正饱受数字压制、企业监控、国家剥削以及消费主义泛滥等"交织病态"的困扰。[1]本书并未尝试解决信息战的恶劣影响,例如,信息战试图利用社会分裂,从而破坏社会凝聚力以及对民主制度的信任。将人性本恶视为这种普遍不适的根源或许颇具诱惑力,但我们必须铭记,大多数人并非网络安全问题的制造者:是少数人的恶行给多数人带来了困扰。从现实角度来看，将人类安全重新置于所有技术和公共政策的核心，可能是唯一明智的前进方向。尽管在其他方面尚未找到持久有效的解决方案，但我们不应低估在某些领域提高公众意识方面所取得的进展。

在引言部分，我曾明确表示，我无意去"解决"网络安全这一复杂议题。然而，我坚信重新平衡网络安全中各种相互竞争的安全要素是至关重要的。若网络安全无法服务于人类多元化的利益，那么它便未能履行其应有的职责。这意味着，无论是在防御还是进攻的形式上，网络安全都必须将人的利益置于首位。国家和企业在网络安全领域扮演着至关重要的角色，它们往往是推动事情发生、引领政策创新、制定约束与激励网络安全发展的规则和指导方针的关键力量。因此，国家和企业需要在产品设计、服务提供、政策制定以及政治决策等各个环节，探寻将人类需求和关切融入网络安全的有效途径。同时，它们的活动也应接受更加严格的问责，这不仅是为了防止"使命偏离"或"功能蔓延"等问题的发生。（其中，"使命偏离"指的是一项倡议或政策的实施超出了其最初的焦点，"功能蔓延"则是指信息或技术的使用超出了其原本指定的目的。）在网络安全以及技术的广泛应用中，我们时常能观察到这两种现象，尤其是在以网络安全为名对在线内容和言论进行监管的过程中。

各国，尤其是各国政府，亟须探索和发展合作模式，以缓解国内外冲突与紧张局势。但这并不意味着推行一种"放之四海而皆准"的网络安全解决方案。我们必须尊重各地区独特的偏好，这一点在全球南方国家尤为重要，因为这些国家往往不愿接受大国强加的法令。这再次凸显了民主多边协商的重要性，以及多利益相关方群体在其中的核心地位。然而，在国际竞争日益激烈的背景下，网络安全可能以牺牲人类安全为代价来维护国家安全。我们必须解决导致这种不平衡的网络空间结构问题。防御性网络安全策略可以通过威慑威胁和减少漏洞来发挥关键作用。但遗憾的是，无论是"善意"还是"恶意"的网络行为者（谁来界定善恶？），都在对网络空间进行利用，这意味着军事、情报和执法部门必须继续应对这些挑战。但我们也应警惕某些行动可能产生的适得其反的效果，尤其是当这些行动受到那些漠视国际秩序和法治的国家的煽动时。

网络安全是一个涵盖广泛理论与实践的领域，影响着社会、经济、政治及人际交往的每一个要素。在这部篇幅有限的著作中，我阐述了一些核心观点，旨在激发读者对网络安全领域更为棘手难题的深入思考。若本书能够唤醒读者对网络安全挑战的警觉意识，那么它便已成功实现了首要目标。而若能进一步激发你参与相关讨论的意愿，那就更好了。

注 释

1 引言：棘手难题

1. National Audit Office (2018) *Investigation: WannaCry Cyber Attack and the NHS*, 25 April 2018, https://www.nao.org.uk/wp-content/uploads/2017/10/Investigation-WannaCry-cyber-attack-and-the-NHS-Summary.pdf.
2. Jonathan Berr, 'WannaCry Ransomware Attack Losses Could Reach $4bn', *CBS News*, 16 May 2017, https://www.cbsnews.com/news/wannacry-ransomware-attacks-wannacry-virus-losses/.
3. Eric S. Raymond, *The Cathedral and the Bazaar: Musings on Linux and Open Source by an Accidental Revolutionary* (O'Reilly Media, 2008), p. 30.
4. National Cyber Security Centre and KPMG UK, *Decrypting Diversity: Diversity and Inclusion in Cyber Security*, 2020, https://www.ncsc.gov.uk/files/Decrypting-Diversity-v1.pdf.

2 我们如何走到今天？

1. Norbert Wiener, *Cybernetics: Or, Control and Communication in the Animal and the Machine* (Technology Press, 1949).
2. David Alan Grier, *When Computers Were Human* (Princeton University Press, 2005).
3. Christopher Hollings, Ursula Martin and Adrian Rice, 'How Ada Lovelace's Notes on the Analytical Engine Created the First Computer Program', *BBC Science Focus Magazine*, 13 October 2020, https://www.sciencefocus.com/future-technology/how-ada-lovelaces-notes-on-the-analytical-engine-created-the-first-computer-program/.
4. Paul E. Ceruzzi, *A History of Modern Computing* (second edition, MIT Press, 2003).
5. RAND Corporation, *Security Controls for Computer Systems: Report of Defense Science Board Task Force on Computer Security*, 11 February 1970, https://csrc.nist.gov/csrc/media/publications/conference-paper/1998/10/08/proceedings-of-the-21st-nissc-1998/documents/early-cs-papers/ware70.pdf.
6. RAND Corporation, *Security Controls*, p. vi.
7. HM Government, *National Cyber Strategy 2022: Pioneering a Cyber Future with the Whole of the UK*, 15 December 2021. https://www.

[8] Cade Metz, 'Paul Baran, the Link between Nuclear War and the Internet', *Wired*, 9 April 2012, https://www.wired.co.uk/article/h-bomb-and-the-internet.

[9] Giovanni Navarria, 'How the Internet was Born: From the ARPANET to the Internet', *The Conversation*, 2 November 2016, https://theconversation.com/how-the-internet-was-born-from-the-arpanet-to-the-internet-68072.

[10] Finn Brunton, *Spam: A Shadow History of the Internet* (MIT Press, 2013).

[11] Steven Levy, *Hackers: Heroes of the Computer Revolution* (O'Reilly, 2010).

[12] Jussi Parikka, *Digital Contagions: A Media Archaeology of Computer Viruses* (Peter Lang, 2016).

[13] FBI, 'Morris Worm', https://www.fbi.gov/history/famous-cases/morris-worm.

[14] Cliff Stoll, *The Cuckoo's Egg* (Pocket Books, 1990).

[15] Juan Andres Guerrero-Saade, Daniel Moore, Costin Raiu and Thomas Rid, *Penquin's Moonlit Maze: The Dawn of Nation-State Digital Espionage*, 3 April 2017, https://media.kasperskycontenthub.com/wp-content/uploads/sites/43/2018/03/07180251/Penquins_Moonlit_Maze_PDF_eng.pdf.

[16] National Security Archive, 'Eligible Receiver 97: Seminal DOD Cyber Exercise Included Mock Terror Strikes and Hostage Simulations', 1 August 2018, https://nsarchive.gwu.edu/briefing-book/cyber-vault/2018-08-01/eligible-receiver-97-seminal-dod-cyber-exercise-included-mock-terror-strikes-hostage-simulations.

[17] James Glave, 'Crackers: We Stole Nuke Data', *Wired*, 3 June 1998, https://www.wired.com/1998/06/crackers-we-stole-nuke-data/.

[18] Niall McKay, 'China: The Great Firewall', *Wired*, 1 December 1998, https://www.wired.com/1998/12/china-the-great-firewall/.

[19] FBI, 'A Byte Out of History: $10 Million Hack, 1994-style', 31 January 2014, https://www.fbi.gov/news/stories/a-byte-out-of-history-10-million-hack.

[20] European Commission, *On a European Programme for Critical Infrastructure Protection*, 17 November 2005, https://eur-lex.europa.eu/LexUriServ/LexUriServ.do?uri=COM:2005:0576:FIN:EN:PDF.

[21] National Cyber Security Centre, 'Operational Technologies', 6 February 2017, https://www.ncsc.gov.uk/guidance/operational-technologies.

22 Lily Hay Newman, 'Colonial Pipeline Paid a $5M Ransom – and Kept a Vicious Cycle Turning', *Wired*, 14 May 2021, https://www.wired.com/story/colonial-pipeline-ransomware-payment/.

23 Ben Buchanan, *The Cybersecurity Dilemma: Hacking, Trust, and Fear Between Nations* (Hurst, 2016).

24 Jason Jaskoika, 'Cyberattacks to Critical Infrastructure Threaten Our Safety and Well-Being', *The Conversation*, 24 October 2021, https://theconversation.com/cyberattacks-to-critical-infrastructure-threaten-our-safety-and-well-being-170191.

25 Craig Barber, 'Global Internet Outages Explained', British Computer Society, 14 December 2021, https://www.bcs.org/articles-opinion-and-research/global-internet-outages-explained/.

3 网络安全与网络风险

1 Jonathan Lusthaus, *Industry of Anonymity: Inside the Business of Cybercrime* (Harvard University Press, 2018).

2 Kurt Baker, 'Ransomware as a Service (RaaS) Explained', Crowdstrike, 7 February 2022, https://www.crowdstrike.com/cybersecurity-101/ransomware/ransomware-as-a-service-raas/.

3 Sophos, *The State of Ransomware in Education 2022*. July 2022, https://assets.sophos.com/X24WTUEQ/at/pgvqxjrfq4kf7njrncc7b9jp/sophos-state-of-ransomware-education-2022-wp.pdf.

4 Leigh McGowan, 'Ransomware Attack Forces French Hospital to Transfer Patients', *Silicon Republic*, 25 August 2022, https://www.siliconrepublic.com/enterprise/ransomware-cyberattack-french-hospital-chsf.

5 Kevin Collier, 'Cyberattacks against US hospitals mean higher mortality rates, study finds', *NBS News*, 8 September 2022, https://www.nbcnews.com/tech/security/cyberattacks-us-hospitals-mean-higher-mortality-rates-study-finds-rcna46697.

6 Cisco, 'What is a Social Engineering Attack?', https://www.cisco.com/c/en_uk/products/security/what-is-social-engineering.html.

7 Martin C. Libicki, *Cyberdeterrence and Cyberwar* (RAND Corporation, 2009), p. xiv.

8 Lily Hay Newman, 'A Year After the SolarWinds Hack, Supply Chain Threats Still Loom', *Wired*, 8 December 2021, https://www.wired.com/story/solarwinds-hack-supply-chain-threats-improvements/.

9 Tim Stevens, 'Strategic Cyberterrorism: Problems of Ends, Ways and Means', 2019, https://papers.ssrn.com/sol3/papers.

10. Symantec, 'Dragonfly: Western Energy Sector Targeted by Sophisticated Attack Group', 20 October 2017, https://symantec-enterprise-blogs.security.com/blogs/threat-intelligence/dragonfly-energy-sector-cyber-attacks.
11. 'Operating Glowing Symphony (2016)', https://cyberlaw.ccdcoe.org/wiki/Operation_Glowing_Symphony_(2016).
12. https://www.csoonline.com/article/2133010/chinese-army-link-to-hack-no-reason-for-cyberwar.html.
13. Kurt Baker, 'What Is Cyber Threat Intelligence?', Crowdstrike, 17 March 2022, https://www.crowdstrike.com/cybersecurity-101/threat-intelligence/.
14. https://www.bbc.co.uk/news/stories-57520169.
15. Teyloure Ring, 'Rank and File Corrupted: Uncertain Attribution and Corruption in Russia's Military Cyber Units', Center for Strategic and International Studies, 22 September 2020, https://www.csis.org/blogs/post-soviet-post/rank-and-file-corrupted-uncertain-attribution-and-corruption-russias-military.
16. Tim Maurer, *Cyber Mercenaries: The State, Hackers, and Power* (Cambridge University Press, 2018).
17. Rupert Jones, 'Fraud in UK at Level Where It "Poses National Security Threat"', *Guardian*, 22 September 2001, https://www.theguardian.com/money/2021/sep/22/fraud-in-uk-at-level-poses-national-security-threat-bank-customers-covid.
18. Aaron Gregg, Sean Sullivan and Stephanie Hunt, 'As Colonial Pipeline Recovers from Cyberattack, Leaders Point to a "Wake-Up" Call for US Energy Infrastructure', *Washington Post*, 13 May 2021.
19. Joe Devanny, Ciaran Martin and Tim Stevens, 'On the Strategic Consequences of Digital Espionage', *Journal of Cyber Policy*, 6 (2021), pp. 429–50, https://www.tandfonline.com/doi/full/10.1080/23738871.2021.2000628.
20. Gregory Falco and Eric Rosenbach, *Confronting Cyber Risk* (Oxford University Press, 2022), pp. 79–86.
21. Ursula von der Leyen, 'State of the Union Address', 15 September 2021, https://ec.europa.eu/commission/presscorner/detail/en/SPEECH_21_4701.
22. David Forscey, Jon Bateman, Nick Beecroft and Beau Woods, *Systemic Cyber Risk: A Primer*, 7 March 2022, Carnegie Endowment for International Peace, https://carnegieendowment.org/2022/03/07/systemic-cyber-risk-primer-pub-86531.

[23] J.R. Minkel, 'The 2003 Northeast Blackout – Five Years Later', *Scientific American*, 13 August 2008, https://www.scientificamerican.com/article/2003-blackout-five-years-later/.

[24] Josh Taylor, 'Facebook Outage: What Went Wrong and Why Did It Take So Long to Fix After Social Platform Went Down?', *Guardian*, 5 October 2021, https://www.theguardian.com/technology/2021/oct/05/facebook-outage-what-went-wrong-and-why-did-it-take-so-long-to-fix.

[25] Matt Burgess, 'What Is the Internet of Things? WIRED Explains', *Wired*, 16 February 2018, https://www.wired.co.uk/article/internet-of-things-what-is-explained-iot.

4 国家与市场

[1] International Telecommunications Union, 'National Cybersecurity Strategies Repository', https://www.itu.int/en/ITU-D/Cybersecurity/Pages/National-Strategies-repository.aspx.

[2] Global Cyber Security Capacity Centre, 'Cybersecurity Capacity Maturity Model', https://gcscc.ox.ac.uk/the-cmm.

[3] Louise Marie Hurel, *Cybersecurity in Brazil: An Analysis of the National Strategy* (Igarapé Institute, April 2021), https://igarape.org.br/wp-content/uploads/2021/04/SP-54_Cybersecurity-in-Brazil.pdf.

[4] HM Government, *National Cyber Strategy 2022: Pioneering a Cyber Future with the Whole of the UK*, 15 December 2021, https://www.gov.uk/government/publications/national-cyber-strategy-2022.

[5] Ryan Singel, 'Cyberwar Hype Intended to Destroy the Open Internet', *Wired*, 1 March 2010, https://www.wired.com/2010/03/cyber-war-hype/.

[6] https://www.submarinecablemap.com/.

[7] Nicky Woolf, 'DDoS Attack that Disrupted Internet Was Largest of Its Kind in History, Experts Say', *Guardian*, 26 October 2016, https://www.theguardian.com/technology/2016/oct/26/ddos-attack-dyn-mirai-botnet.

[8] Graham Cluley, 'Did the Mirai Botnet Knock Liberia Offline? Not So Much', 6 November 2016, https://grahamcluley.com/did-mirai-botnet-liberia-offline/.

[9] HM Government, *National Cyber Security Strategy 2016–2021*, November 2016, p. 9, https://www.gov.uk/government/publications/national-cyber-security-strategy-2016-to-2021.

[10] James Coker, 'UK Introduces New Cybersecurity Legislation for IoT Devices', *Infosecurity Magazine*, 24 November 2021, https://www.infosecurity-magazine.com/news/uk-cybersecurity-legislation-iot/.

[11] ENISA, *Cybersecurity as an Economic Enabler*, March 2016, https://www.enisa.europa.eu/publications/enisa-position-papers-and-opinions/cybersecurity-as-an-economic-enabler.

[12] National Cyber Security Centre, 'Penetration Testing', 8 August 2017, https://www.ncsc.gov.uk/guidance/penetration-testing.

[13] Amitai Etzioni, 'Cybersecurity in the Private Sector', *Issues in Science and Technology* 28 (2011), https://issues.org/etzioni-2-cybersecurity-private-sector-businesses/.

[14] Greg Austin, *Cyber Policy in China* (Wiley, 2014).

[15] Madeline Carr, 'Public-Private Partnerships in National Cyber-Security Strategies', *International Affairs* 92 (2016), pp. 43–62, https://www.chathamhouse.org/sites/default/files/publications/ia/INTA92_1_03_Carr.pdf.

[16] Republic of Estonia, 'Information System Authority', https://www.ria.ee/en.html.

[17] ENISA, *Public Private Partnerships (PPP): Cooperative Models*, November 2017, https://www.enisa.europa.eu/publications/public-private-partnerships-ppp-cooperative-models.

[18] National Cyber Security Centre, 'Industry 100: About', https://www.ncsc.gov.uk/section/industry-100/about.

[19] Jamie Collier, 'Optimising Cyber Security Public-Private Partnerships', *RUSI Commentary*, 28 May 2021, https://rusi.org/explore-our-research/publications/commentary/optimising-cyber-security-public-private-partnerships.

[20] Hugo Rosemont, *Public–Private Security Cooperation: From Cyber to Financial Crime*, RUSI Occasional Paper, August 2016, https://rusi.org/explore-our-research/publications/occasional-papers/public-private-security-cooperation-cyber-financial-crime.

[21] ENISA, *Information Sharing and Analysis Centres (ISACs): Cooperative Models*, February 2018, https://www.enisa.europa.eu/publications/information-sharing-and-analysis-center-isacs-cooperative-models.

[22] Brendan I. Koerner, 'Inside the Cyberattack That Shocked the US Government', *Wired*, 23 October 2016, https://www.wired.com/2016/10/inside-cyberattack-shocked-us-government/.

[23] HM Government, *National Cyber Strategy 2022*, p. 8.

[24] David Talbot, 'The Cyber Security Industrial Complex', *MIT Technology Review*, 6 December 2011, https://www.technologyreview.com/2011/12/06/189326/the-cyber-security-industrial-complex/.

[25] Benjamin Verdi, 'The Coming Cyber-Industrial Complex: A Warning for the New US Administration', *Geopolitical Monitor*, 22 November 2020, https://www.geopoliticalmonitor.com/the-coming-cyber-industrial-complex-a-warning-for-the-new-us-administration/.

[26] James Shires, *The Politics of Cybersecurity in the Middle East* (Hurst, 2021).

[27] Bill Marczak, John Scott-Railton, Sarah McKune, Bahr Abdul Razzak and Ron Deibert, 'Hide and Seek: Tracking NSO Group's Pegasus Spyware to Operations in 45 Countries', *Citizen Lab*, 18 September 2018, https://citizenlab.ca/2018/09/hide-and-seek-tracking-nso-groups-pegasus-spyware-to-operations-in-45-countries/.

[28] Nicole Perlroth, *This Is How They Tell Me the World Ends: The Cyber Weapons Arms Race* (Bloomsbury, 2021).

[29] Lillian Ablon, Martin C. Libicki and Andrea A. Golay, *Markets for Cybercrime Tools and Stolen Data: Hackers' Bazaar* (RAND Corporation, 2014), https://www.rand.org/pubs/research_reports/RR610.html.

[30] Sydney Lake, 'Companies are Desperate for Cybersecurity Workers – More Than 700k Positions Need to Be Filled', *Fortune*, 30 June 2022, https://fortune.com/education/business/articles/2022/06/30/companies-are-desperate-for-cybersecurity-workers-more-than-700k-positions-need-to-be-filled/.

[31] Tommaso De Zan, 'The Strategic Relevance of Cybersecurity Skills', *Lawfare*, 27 June 2022, https://www.lawfareblog.com/strategic-relevance-cybersecurity-skills.

[32] Florian J. Egloff, *Semi-State Actors in Cybersecurity* (Oxford University Press, 2022).

5 国际网络安全

[1] Christopher Whyte, A. Trevor Thrall and Brian M. Mazanec (eds.), *Information Warfare in the Age of Cyber Conflict* (Routledge, 2021).

[2] HM Government, *National Cyber Strategy 2022: Pioneering a Cyber Future for the Whole of the UK*, 15 December 2021, p. 24,

[3] https://www.gov.uk/government/publications/national-cyber-strategy-2022.

[3] Joe Devanny, Andrew Dwyer, Amy Ertan and Tim Stevens, *The National Cyber Force That Britain Needs?* (King's Policy Institute, April 2021), https://www.kcl.ac.uk/policy-institute/research-analysis/national-cyber-force.

[4] Nicholas Weaver, 'The GCHQ's Vulnerabilities Equities Process', *Lawfare*, 3 June 2019, https://www.lawfareblog.com/gchqs-vulnerabilities-equities-process.

[5] Andi Wilson Thompson, 'Assessing the Vulnerabilities Equities Process, Three Years After the VEP Charter', *Lawfare*, 13 January 2021, https://www.lawfareblog.com/assessing-vulnerabilities-equities-process-three-years-after-vep-charter.

[6] Max Smeets, *No Shortcuts: Why States Struggle to Develop a Military Cyber-Force* (Hurst, 2022).

[7] Clement Guitton, *Inside the Enemy's Computer: Identifying Cyber-Attackers* (Hurst, 2017).

[8] Patryk Pawlak, Eneken Tikk and Mike Kerttunen, *Cyber Conflict Uncoded: The EU and Conflict Prevention in Cyberspace* (European Union Institute for Security Studies, 17 April 2020), https://www.iss.europa.eu/content/cyber-conflict-uncoded.

[9] Monica Kaminska, James Shires and Max Smeets, *Cyber Operations during the 2022 Russian Invasion of Ukraine: Lessons Learned (So Far)* (European Cyber Conflict Research Initiative, July 2022), https://doi.org/10.3929/ethz-b-000560503.

[10] Joe Tidy, 'Predatory Sparrow: Who are the Hackers Who Say They Started a Fire in Iran?', BBC News, 11 July 2022, https://www.bbc.co.uk/news/technology-62072480.

[11] Martin C. Libicki and Olesya Tkacheva, 'Cyberspace Escalation: Ladders or Lattices', in Ertan, Floyd, Pernik and Stevens (eds.), *Cyber Threats and NATO 2030: Horizon Scanning and Analysis* (NATO CCD COE, 2020), pp. 60–72, https://ccdcoe.org/library/publications/cyber-threats-and-nato-2030-horizon-scanning-and-analysis/.

[12] Mark Mazower, *Governing the World: The History of an Idea* (Penguin, 2012).

[13] https://www.first.org/.

[14] https://cybertechaccord.org/accord/.

[15] GCSC, *Advancing Cyberstability: Final Report*, November 2019, https://cyberstability.org/report/.

16 https://www.globalcyberalliance.org/.
17 https://www.charteroftrust.com/.
18 https://www.itu.int/en/action/cybersecurity/Pages/gca.aspx
19 'Commonwealth Cyber Declaration Programme', https://thecommonwealth.org/our-work/commonwealth-cyber-declaration-programme.
20 Cristin J. Monahan, 'A Diplomatic Domain? The Evolution of Diplomacy in Cyberspace', National Security Archive, 26 April 2021, https://nsarchive.gwu.edu/briefing-book/cyber-vault/2021-04-26/diplomatic-domain-evolution-diplomacy-cyberspace.
21 Kieron O'Hara and Wendy Hall, *Four Internets: Data, Geopolitics, and the Governance of Cyberspace* (Oxford University Press, 2021).
22 Camino Kavanagh, Madeline Carr and Nils Berglund, *Quiet Conversations: Observations from a Decade of Practice in Cyber-Related Track 1.5 and Track 2 Diplomacy*, EU Cyber Direct, November 2021, https://eucyberdirect.eu/research/quiet-conversations-observations-from-a-decade-of-practice-in-cyber-related-track-1-5-and-track-2-diplomacy.
23 US Department of State, 'A Declaration for the Future of the Internet', 28 April 2022, https://www.state.gov/declaration-for-the-future-of-the-internet.
24 UN General Assembly, 'Report of the Group of Governmental Experts on Developments in the Field of Information and Telecommunications in the Context of International Security', A/70/174, 22 July 2015, https://documents-dds-ny.un.org/doc/UNDOC/GEN/N15/228/35/PDF/N1522835.pdf.
25 UN General Assembly, 'Final Substantive Report', A/AC.290/2021/CRP.2, 10 March 2021, https://front.un-arm.org/wp-content/uploads/2021/03/Final-report-A-AC.290-2021-CRP.2.pdf.
26 US Cybersecurity and Infrastructure Security Agency, 'Alert (AA22-110A): Russian State-Sponsored and Criminal Cyber Threats to Critical Infrastructure', 20 April 2022, https://www.cisa.gov/uscert/ncas/alerts/aa22-110a.
27 Jacquelyn G. Schneider, 'Persistent Engagement: Foundation, Evolution and Evaluation of a Strategy', *Lawfare*, 20 May 2019, https://www.lawfareblog.com/persistent-engagement-foundation-evolution-and-evaluation-strategy.
28 Vera Rusinova, 'Application of Sovereignty to Information and Communications Technologies', in Delerue and Géry (eds.),

      International Law and Cybersecurity Governance (EU Cyber Direct, July 2022), pp. 43–50, https://eucyberdirect.eu/research/international-law-and-cybersecurity-governance.

29 Russell Buchan, *Cyber Espionage and International Law* (Bloomsbury, 2021).

30 Harriet Moynihan, *The Application of International Law to State Cyberattacks: Sovereignty and Non-Intervention* (Chatham House, December 2019), https://www.chathamhouse.org/2019/12/application-international-law-state-cyberattacks/2-application-sovereignty-cyberspace.

31 Milton Mueller, *Will the Internet Fragment?* (Polity, 2017).

32 Jack Wagner, 'China's Cybersecurity Law: What You Need to Know', *The Diplomat*, 1 June 2017, https://thediplomat.com/2017/06/chinas-cybersecurity-law-what-you-need-to-know/.

33 Michael N. Schmitt (ed.), *Tallinn Manual on the International Law Applicable to Cyber Warfare* (Cambridge University Press, 2013).

34 https://www.coe.int/en/web/cybercrime/the-budapest-convention.

35 Summer Walker, 'The Quixotic Quest to Tackle Global Cybercrime', *Foreign Policy*, 11 February 2022, https://foreignpolicy.com/2022/02/11/un-cybercrime-treaty-russia-hacking/.

36 Luca Belli, 'Cybersecurity Convergence in the BRICS Countries', *Directions*, 17 September 2021, https://directionsblog.eu/cybersecurity-convergence-in-the-brics-countries/.

37 Duncan Hollis, 'A Brief Primer on International Law and Cyberspace', Carnegie Endowment for International Peace, 14 June 2021, https://carnegieendowment.org/2021/06/14/brief-primer-on-international-law-and-cyberspace-pub-84763.

38 Brad Smith, 'The Need for a Digital Geneva Convention', Microsoft, 14 February 2017, https://blogs.microsoft.com/on-the-issues/2017/02/14/need-digital-geneva-convention/.

6 网络安全与人类安全

1 John Perry Barlow, 'A Declaration of the Independence of Cyberspace', 8 February 1996, https://www.eff.org/cyberspace-independence.

2 UN Development Programme, *Human Development Report 1994*, https://hdr.undp.org/system/files/documents//hdr1994encompletenostatspdf.pdf.

3 Mary Kaldor, *Human Security* (Wiley, 2007).

[4] Ken Booth, *Theory of World Security* (Cambridge University Press, 2007), p. 107.

[5] Myriam Dunn Cavelty, *Cyber-Security and Threat Politics: US Efforts to Secure the Information Age* (Routledge, 2009).

[6] Sean Lawson and Michael K. Middleton, 'Cyber Pearl Harbor: Analogy, Fear, and the Framing of Cyber Security Threats in the United States, 1991–2016', *First Monday* 24 (2019), https://doi.org/10.5210/fm.v24i3.9623.

[7] Richard Clarke and Robert Knake, *Cyber War: The Next Threat to National Security and What to Do about It* (Ecco, 2012).

[8] Robert M. Lee and Thomas Rid, 'OMG Cyber! Thirteen Reasons Why Hype Makes for Bad Policy', *The RUSI Journal* 159 (2014), pp. 4–12.

[9] Bruce Schneier, 'Security Design: Stop Trying to Fix the User', Schneier on Security, 3 October 2016, https://www.schneier.com/blog/archives/2016/10/security_design.html.

[10] Florian J. Egloff and James Shires, 'The Better Angels of Our Digital Nature? Offensive Cyber Capabilities and State Violence', *European Journal of International Security* (2021), https://doi.org/10.1017/eis.2021.20.

[11] William Ralston, 'The Untold Story of a Cyberattack, a Hospital and a Dying Woman', *Wired*, 11 November 2020, https://www.wired.co.uk/article/ransomware-hospital-death-germany.

[12] Ken Booth, 'Security and Emancipation', *Review of International Studies* 17 (1991), pp. 313–26.

[13] James Shires, *The Politics of Cybersecurity in the Middle East* (Hurst, 2021).

[14] Justin Sherman, 'How Much Cyber Sovereignty Is Too Much Cyber Sovereignty?', *Council on Foreign Relations*, 30 October 2019, https://www.cfr.org/blog/how-much-cyber-sovereignty-too-much-cyber-sovereignty.

[15] Fahmida Y. Rashid, 'Surveillance Is the Business Model of the Internet: Bruce Schneier', 29 April 2014, *Security Week*, https://www.securityweek.com/surveillance-business-model-internet-bruce-schneier.

[16] Shoshana Zuboff, *The Age of Surveillance Capitalism: The Fight for a Human Future at the Frontier of Power* (Profile Books, 2019).

[17] Daniel Moore, *Offensive Cyber Operations: Understanding Intangible Warfare* (Hurst, 2022).

[18] John Arquilla, *Bitskrieg: The New Challenge of Cyberwarfare* (Polity, 2021).

[19] Ryan Jenkins, 'Cyberwarfare as Ideal War', in Allhoff, Henschke and Strawser (eds.), *Binary Bullets: The Ethics of Cyberwarfare* (Oxford University Press, 2016), pp. 89–114.

[20] George Lucas, *Ethics and Cyber Warfare: The Quest for Responsible Security in the Age of Digital Warfare* (Oxford University Press, 2017).

[21] Max Smeets, 'A US History of Not Conducting Cyber Attacks', *Bulletin of the Atomic Scientists* 78 (2022), pp. 208–13, https://doi.org/10.1080/00963402.2022.2087380.

[22] Joe Devanny, 'The Ethics of Offensive Cyber Operations', *Foreign Policy Centre*, 3 December 2020, https://fpc.org.uk/the-ethics-of-offensive-cyber-operations/.

7 结论：全球对话

[1] Ronald J. Deibert, *Reset: Reclaiming the Internet for Civil Society* (Anansi, 2020), p. 34.

拓展阅读

假设你坚持读完了这本书,接下来你想如何获得更多关于网络安全的知识?你会如何参与我在本书末尾提及的网络安全讨论呢?对于任何给定的话题,没有什么比亲自研究更好,网络安全也不例外。下面我为大家推荐一些拓展阅读书目,每一本都用非技术性的语言向读者解释网络安全的要点。循着这些书籍的脚注,你也能找到大量关于网络安全的学术和非学术出版物及资源,包括智库和其他研究机构提供的重要资料。学术出版物通常隐藏在付费墙后面,但你可以通过谷歌学术等搜索工具找到许多草稿版本。

尽管这些出版物非常优秀,但很少有作品能够捕捉到网络安全的多样性或数字环境的发展速度。幸运的是,大多数主流报纸和时事杂志都会定期报道网络安全事件,网络媒体也是如此。不过,这些报道往往把网络安全事件描述为"网络战争",或使用其他军事术语及夸张的言辞来描述,因此建议读者谨慎判断。即便如此,它们在网络安全意识方面也发挥了重要作用,而且许多报道都是实时了解网络安全状况的关键证据和想法的来源。同样,还有大量的专业在线出版物、博客和社交媒体账号,其中一些在本书的注释中有所提及。

了解是一回事,参与是另一回事。关注代表和外交官的发言与行动,对我们了解网络安全的政治层面至关重要。目前,关于网络安全政策和战略的公开讨论尚不够充分,而且大多数讨论都集中在更具吸引力的军事和情报层面。这些当然很重要,但我们还需要考虑数字化转型的长期影响,以及网络安全在为个人和社会追求社会、经济与政治利益方面的作用。加拿大的公民实验室(The Citizen Lab)和美国的伯克曼互联网与社会研究中心(Berkman Center for Internet and Society)等民间社会团体是了解网络安全及相关问题的重要信息来源,此外还有许多其他组织。网络安全需要多样化的声音和投入,以制定适当的、相衬的且符合社会利益以及企业和高层政治利益的网络安全问题的应对措施——也许你的声音可以成为其中之一。

John Arquilla, *Bitskrieg: The New Challenge of Cyberwarfare* (Polity Press, 2021)

Ben Buchanan, *The Hacker and the State: Cyber Attacks and the New Normal of Geopolitics* (Harvard University Press, 2020)

Ronald J. Deibert, *Reset: Reclaiming the Internet for Civil Society* (Anansi Press, 2020)

Laura DeNardis, *The Internet in Everything: Freedom and Security in a World with No Off Switch* (Yale University Press, 2020)

Alexander Klimburg, *The Darkening Web: The War for Cyberspace* (Penguin, 2017)

Kieron O'Hara and Wendy Hall, *Four Internets: Data, Geopolitics, and the Governance of Cyberspace* (Oxford University Press, 2021)

Nicole Perlroth, *This Is How They Tell Me the World Ends: The Cyber Weapons Arms Race* (Bloomsbury, 2021)

Damien van Puyvelde and Aaron F. Brantly, *Cybersecurity: Politics, Governance and Conflict in Cyberspace* (Polity Press, 2019)

Bruce Schneier, *Click Here to Kill Everybody: Security and Survival in a Hyper-Connected World* (W. W. Norton, 2018)

Adam Segal, *The Hacked World Order: How Nations Fight, Trade, Maneuver, and Manipulate in the Digital Age* (Public Affairs, 2016)

Brad Smith, *Tools and Weapons: The Promise and the Peril of the Digital Age* (Penguin, 2019)

Kim Zetter, *Countdown to Zero Day: Stuxnet and the Launch of the World's First Digital Weapon* (Crown, 2014)

图片与图表索引

图片

图1 计算机网络漏洞在《威尔报告》(1970)中的概念化描述
（RAND report R-609-1, https://www.rand.org/pubs/reports/R609-1.html. 经许可使用）

图2 信息安全三要素

图3 提升网络韧性的过程
基于 "Cyber resilience response phases" ("SMART Citizen Cyber Resilience (SC2R) Ontology", Mamello Thinyane and Debora Christine, 13th International Conference on Security of Information and Networks, November 2020 [article no. 14, pp. 1–8]. 经许可使用）

图4 网络空间中负责任国家行为的四项支柱
（基于图2 in The UN norms of responsible state behaviour in cyberspace: Guidance on implementation for Member States of ASEAN, Bart Hogeveen, Australian Strategic Policy Institute [ASPI], March 2022. 经许可使用）

图5 网络空间负责任国家的11项规范
（基于图1 in The UN norms of responsible state behaviour in cyberspace: Guidance on implementation for Member States of ASEAN, Bart Hogeveen, Australian Strategic Policy Institute [ASPI], March 2022. 经许可使用）

图表

表1　网络犯罪类型

（改编并简化自Kirsty Phillips等人的分类框架，摘自Kirsty Phillips et al., "Conceptualizing Cybercrime: Definitions, Typologies and Taxonomies", Forensic Sciences, April 2022, under CC BY licence简化）

表2　网络安全目标对象与主要网络威胁和网络安全的关系